設計思考×地方創生

「里山十帖」實戰篇

岩佐十良——著
Iwasa Toru
鄭舜瓏——譯

遠眺殘雪與新綠調和而成的夢幻景致

嶄新創意組合

傳統建築與現代設計的融合

南魚沼食物文化實在太精彩了

用吃來解決森林問題

絕景露天溫泉

里山十個故事，不僅開創新的旅行風格，更活絡了里山。

出版序

將地方魅力變成永續獲利的設計思考

財團法人中衛發展中心　朱興華總經理

在邁向現代化國家的路程中，臺灣與鄰近的日本一樣，正面臨總體人口減少、高齡化與少子化、人口過度集中大都市，以及城鄉發展失衡等等問題。為了找出解決之道，行政院已宣示將二〇一九年訂定為「地方創生元年」，藉由擬定地方創生戰略，協助地方發揮在地特色元素，塑造創新差異場域，吸引產業進駐及人口回流，進而促進城鄉及區域均衡適性發展，達到「均衡臺灣」的施政目的。

回頭看到在日本的新潟縣南魚沼市，冬天常有大雪傾覆的嚴寒天氣，以及全年只有不到一百天的觀光旺季，加上這棟已有一百五十年屋齡、亟待整修的老舊建築，無論考量外在環境還是內在條件，可能多數人都會對這間旅館搖頭不已。然而，「里山十帖」溫泉旅宿運用設計思考的手法，放大自身擁有的優勢，孕育出嶄新的價值觀，並且打破社會大眾對觀光型溫泉旅館舊有的觀念框架。

本書作者岩佐十良先生，原為《自遊人》雜誌負責人，他以編輯的角度出發構築「里山十帖」的願景，同時思考如何與當地及遊客引發認同共鳴，並且結合認同產生共鳴圈，再將共鳴圈一點一滴的擴大，讓旅館成為地區與生活風格的展示櫥窗；而創造實際的體驗生活，也就是摸得到、吃得到、感受得到在地特有的風格。

「里山十帖」藉由觀光與農業合作，運用在地食材研發菜單，並發展區域的飲食文化特色，創造產業六級化的三贏局面。這樣因地制宜所建構出的「共好商業模式」正是生活產業的體系發展重點，也一直是中衛發展中心推動城鄉產業領域發展的核心價值。

中衛發展中心長期以來推動許多生活產業體系，包括：創意生活產業、美食服務業、商業街區（商圈）、地方特色產業（OTOP）等，並且發展出「全面顧客體驗」（TCE：Total Customer Experience）及「全面地方活化」（TLR：Total Local Revitalization）兩套生活產業體系輔導技術。未來，中衛將立基於過去推動創意生活、地方特色產業的厚實基礎，並借鏡「里山十帖」加入設計思考的解決問題手法，逐步建構出適合臺灣的地方創生輔導技術。

我們認為，地方創生的首要重點，就是要能發掘出城鄉別具一格的獨特魅力，並藉由創新的手法發展地方事業可持續經營獲利的商業模式，方能吸引青年人口回流移居，如此才是讓區域永續發展的關鍵。大家一起共好，地方才會有未來！

推薦序1

看見美好，創造地方新生機

經濟部中小企業處　吳明機處長

這是一個有趣的故事。

一個即將歇業的溫泉旅宿、一個偏僻的鄉村、加上一個外行的老闆，重點是，他們快沒錢了。「里山十帖」就是在這樣一個背景，並且在眾人都不看好的情況下，由「自遊人」雜誌總編輯岩佐十良先生接手經營。在開幕半年之後，就獲得了日本「優良設計百選」（Good Design Best 100），以及日本中小企業廳長官獎的「造物設計獎」等殊榮。在這樣一個看似很「連續劇」的公式，卻又是個活生生實例，其精采之處不只是如何在逆境之中，扭轉劣勢反敗為勝的過程，還包括了如何與在地優勢結合，帶動地方發展，共同與地方創造雙贏的局面。

這也是一個「地方創生」的典範故事。

「地方創生」是日本政府於二〇一四年所推動的一個重要政策，主要是著眼於日本人口的少子化、高齡化，以及過度集中於都會區，所造成城鄉發展失衡、地方面臨消失的危機，期望能透過政府與民間共同努力，增加地方上的工作機會，吸引人才回鄉或移居，進一步創造地方的生命與生機。

我國的狀況與日本非常類似。少子化與高齡化的人口結構，將成為國家競爭力發展的隱憂；而人口向都會區集中，影響地方發展的動能。因此行政院參考了日本地方創生的精神與內涵，宣布民國一〇八年為地方創生元年，在行政院設置「地方創生會報」，整合各部會相關政策工具，引導民間自主投入資源，以政府與民間力量共同合作，積極面對並解決相關問題。

其實，我國也不乏類似「里山十帖」的案例。位於南投竹山的青年何培鈞，十多年前在竹山大鞍地區，用一己之力整修了一棟百年古宅，打造成為一個具有思古幽情兼具現代風華的民宿。經過多年努力，不但民宿經營得有聲有色，他還把事業觸角延伸到竹山地區的發展。除了運用工作換宿的方法引進年輕人進到竹山，運用專長協助當地業者，另外也結合了竹山具有特色的「竹」元素，協助返鄉或移居的青年，留在竹山當地創業。在當地形成了一股具有發展動能及在地特色的新興聚落，為竹山帶來一股新生的力量。

經營一個地方型企業有其困難之處，各項資源不足、目標客源不穩定、知名度有限，同時需要投入相當的資金成本。現在看到了岩佐十良先生的大作，似乎為我們注入一股熱血的動能。相信在不久的將來，透過各界的合作，一定也可以看到我們各個地方，能夠創造出更多足以為地方所驕傲，並且帶動地方發展的企業。

未來，我們一定能有屬於我們自己的故事。

推薦序2

每段經歷，都能為夢想帶來獨一無二的價值

薰衣草森林　林庭妃創辦人

閱讀「里山十帖」的當下，讓我有種熟悉的懷念感，彷彿回到從前創辦薰衣草森林的那段時間。任何創業都需要夢想與勇氣，之後就是不斷地面臨挑戰、努力突破，面臨困難、再一次努力突破。過程所經歷的一切，就是所謂的「設計思考」：從天然資源、文化故事、創意發想、市場期待、人才整合等等面向，不斷地嘗試再嘗試，或許成功，或許失敗，但每一個階段的經歷，都形塑這份夢想獨一無二的價值。相信看完這本書的讀者們，對於「創業」的輪廓，都將有一個更清晰的模樣。

推薦序3

無限可能，來自於重新定義

薰衣草森林　王村煌董事長

兩年前的春天，趁著參訪越後妻有大地藝術季之便，從十日町翻過山來到位於南魚沼市的里山十帖。多年在日本旅行，對旅宿養成一套自己的選擇標準，總期望在匆匆的一晚住宿中，能獲得身體上的休息以及內心深刻的學習。那一晚，里山十帖出乎意料地，以「壓倒性的非日常」令我回味許久。

絕景的露天風呂、恢宏的古民居大廳、經典的設計師家具、日本名店 IL DK 的合作展覽以及佐著森林中不同種類樹木汁液的晚餐……等，是非傳統旅館邏輯，是與地方元素高度結合的創意大集合。

然而這卻是由一位業外人士——自遊人雜誌社總編輯岩佐十良，在大家都不看好，預算嚴重超支的作品。岩佐十良以「編輯」的邏輯，重新定義身為旅館跟地方的各種可能，重新發覺旅行的種種樂趣。

這是一本兼具故事趣味和實務操作方法論的好書，一步步引導我們思考地方創生的種種邊界和思考脈絡。

二〇一九年是臺灣的地方創生元年，日本有許多成功但也有更多失敗的經驗，里山十帖的案例值得推薦給所有的朋友們。

推薦序4

設計先行！地方創生的起手式

勤美學　何承育執行長

里山十帖

既有單位需要改變、新創團隊需要成長的激勵閱讀，一翻開就停不下了。當想法通了，動作與執行也就順了。

原來勤美學團隊常常在自我辯證的過程，不斷激盪與收合的反覆，是有一套里山十帖的「編輯邏輯」！

所謂里山十帖多重人格的設想方法，是設身處地為參與者思考、是旅宿業服務的最高境界，也是現在斜槓青年、雜學派的有志之士，可以發揮與立基之處。當你的世界愈大、探索的愈多，就愈能延伸與體現他人的想法。

把握機會！

專案初期要讓創意先行，先想到困難與執行限制，也就限縮了自我範圍。參考資料與數據當然重要，卻也只是完成目標的工具之一。

設計先行！

勤美學跟里山十帖的領導者，都具有設計背景、或體現到設計這件事重要性，由上而下行的影響與貫徹很重要。

持續優化！

改變或新創不是一蹴可及，一定是團隊不斷優化與調整，日日夜夜、戰戰兢兢累積而來。

推薦序5

人才，明日城鄉的發展關鍵

天空的院子　何培鈞創辦人

在閱讀完「地方創生╳設計思考」：「里山十帖」實戰篇一書之後，開始讓我們更謹慎思考臺灣的城鄉議題。尤其，明年即將是臺灣地方創生元年，內心深深感受到，目前無論是日本或者臺灣，對於發展式微的小鎮、部落或者離島與偏鄉發展振興，一直都是政府部門非常重視的議題。

從作者岩佐十良的文筆中，最讓我特別印象深刻之處，是日本對於地方創生的決心態度，在書中豐富的個案中，無論是發展有故事的產品，與藝術家齊心合力的創作，甚至是地方自主持續地舉辦活動的模式。其實，與臺灣數十年社區營造精神，結合文創、旅創與農創的優勢，結合觀光產業基礎條件，我們似乎也發現了台灣社會長期積累的脈絡中，自我演繹而出的核心發展經驗。然而，如果我們更進一步探究，為何在日本最後所展現出的成果，總是讓人驚艷與敬佩不已的感受？我想，最大的差別就是人的能力與特質差異。這不就是在臺灣社會的教育中，對於城鄉未來人才培養的最關鍵因素嗎？

個人粗淺認為，臺灣的高等教育制度長期以來，並沒有針對解決國內城鄉落差所面臨的嚴峻困境，進行完整的人才培養制度。如果，我們的教育能夠從校園學術與地方實務，持續的、深入的、創新的進一步積極合作。或許，臺灣能夠進一步成為華人世界中，解決城鄉落差的人才培育中心。

在我們的年代，我們都有為臺灣社會守護價值的責任，與被世界看見的使命。

前言

「就過去的資料顯示，在這裡開旅館百分之百不可能成功」，但為何這間旅館開業才三個月，住房率就超過九成？

這正是本書的主題。而那間「旅館」，指的是我們在新潟縣大澤山溫泉開的一家生活風格提案型住宿設施──「里山十帖」。

現在日本旅館的平均住房率是百分之五十點三（引自觀光廳二〇一四年員工人數十名以上的設施旅遊住宿統計），而且普遍來說，客單價年年都在調降。另一方面，「地方創生」這個關鍵字，正在地方掀起一股熱潮。大家都知道，雖然地方創生重點在於「觀光」，但要讓錢留在地方，住宿設施是極為重要的一項。可是，若採取重視統計資料的傳統行銷研究方法，大概只會得出「除非是著名的觀光景點，否則設備投資資金恐怕無法回收。」，或是「基本上邏輯正確，但考慮到實行的過程，恐怕會寸步難行」這樣的結論。我想不只是觀光產業，各行各業大概都會遇到同樣的難題。

事實上，「里山十帖」開業時，外界給予的意見大部分是否定的，像是「太過魯莽」、「一定會失敗」等。連在地銀行也認為：「你們這份事業計畫書怎麼計算也不可能實現。**你用新潟縣任何一間旅館的住房率、客單價去算，都不可能獲得這樣的成果。**」因此中途他們就撤回融資了。

然而，就在我們克服各種的困難，好不容易終於開業後，三個月就達成銀行斷言的「不可能實現」的住房率。「里山十帖」的房數其實只有十二間，**為何能在短期內大幅提升住房率呢？我想，應該是因為它拋棄了既有概念，採用能檢驗所有可能性的思考法，也就是「設計思考」**的緣故吧。

開業半年，「里山十帖」獲選二〇一四年「優良設計百選（Good Design Best 100）」，同時還是第一個獲得特別獎（「造物設計獎」（中小企業廳長官獎））的住宿設施。這部分詳情留待後述，就重點來說，**我們得獎理由為：極高設計性、提供「住宿」以外的價值以及「嶄新的創意組合」**。這正是「設計思考」最重要的部分。

如何在被人認為是鳥不生蛋的地方挖掘出在地特色價值？該怎麼進行包裝及宣傳？在本書中，我希望透過思考為何客人願意來「里山十帖」這件事，跟大家分享何謂顛覆常識、驅動創新的「設計思考」。

目次

Step 1

Step 2

第2章 何謂「設計思考」

顛覆常識、產生創新的全新思考法

Method 2

Method 3

第3章
催生「設計思考」的十大成功法則

Point 8

Point 9

Point 10

後記

序論

現在這種時機，除為了節稅的有錢人，誰會在這裡開旅館

「里山十帖」，位於新潟縣南魚沼市。一九九〇年前後，日本滑雪風潮興起，這裡曾是熱鬧非凡的觀光地區，但如今已成過眼雲煙。不僅如此，**「里山十帖」所在的大澤山溫泉，是連新潟縣當地都鮮為人知的小眾溫泉區**。想在這樣的地方、這樣的時機，開一間旅館，難怪周遭的人會認為這是「瘋狂舉動」。

其實，在開業之前，當地確實流傳著一則謠言：「有個十年前來過這裡的東京有錢人，現在為了節稅，要將公司遷移到這裡，還要開旅館。」當然這絕非事實，「里山十帖」是我們公司跟銀行借了十七年貸款，再加上我的個人借貸才開成的。但我也必須說，開溫泉旅館「是有錢人為了節稅」的想法，並不是當地才有，在現今觀光業界，這幾乎已變成一種「常識」了。

我來自東京池袋。別說是南魚沼了，整個新潟縣我連一個親戚都沒有，公司裡的主要成員也沒有一個人是新潟人。在二〇〇四年，我們這些外地人把公司搬到南魚沼。在此之前，**我們在東京日本橋除了出版《自遊人》雜誌外，還經營只賣日本「真食物」的食品販售事業**。雜誌和食品販售有個共通點，就是它們皆為「傳播媒體」。雜誌無法傳達的事情，我們藉由食品販售做到了，並且從中體會到飲食文化於生活中存在的意義。因此，**為了重新審視我們自身的生活風格，為了「親眼目睹、體驗學習」日本飲食文化根基作物——稻米是如何被種植出來的，我們決定把公司搬到新潟縣南魚沼市。**

話雖如此，一開始我們並沒有永遠停留在這裡的打算，只訂了一個「大約兩年」的期限。在東京，大家腦中設想的兩年很長，是一段「足夠獲得大量知識與情報，不斷摧毀與重建（Scrap and build）」的時間。但事實上，就種植稻米而言，兩年的時間，不過是經過兩次循環而已。兩年的時間，我們能獲得的知識相當有限。

這個道理不難懂，但我們卻沒想到……這或許就是來自東京的「傲慢」吧！於是，三年、四年……我們不斷延長期限，等到終於弄懂自己想知道的「農法、成本、味道」的關係，以及「農業未來發展」，並且實驗成功，已經是五年後的事了。直到第六年、第七年結束，這三年間，我們的實驗總算有點樣子，對於米的世界，也才敢說有那麼一丁點了解。

現在回頭看，不知不覺已經過十多年。當初，我們之所以想打造一座以食物為中心的體驗設施，也是因為我們認為繼食品之後，接下來公司應該要擁有一座「實體媒體」。「里山十帖」的十帖，意指「十本折子」。每本折子都代表一本雜誌。因此，你也可以把它視為一間集結各種雜誌專題的旅館。

住下來後才能真正了解當地的潛在魅力

老實說，在公司遷到這裡之前，我們對於南魚沼在內所有泛稱為「魚沼」的地區，絲毫感受不到觀光魅力。

二〇〇四年決定遷移到南魚沼之前，原本以為最有希望的候選地點是輕井澤。因為在長野奧運舉辦前，我們公司已在輕井澤設置第二辦公室數年，之後也和輕井澤有過幾次不解之緣。除此之外，在與輕井澤相鄰的佐久、小諸、上田等地，我們認識的農業生產者也遠多過魚沼。當時所有員工都深信，我們總有一天會搬到輕井澤。直到後來我**們在魚沼久居，才深深感受到「原來這裡是那麼棒的一塊土地」**。

我們首先感受到的就是，這裡的食物環境實在太精彩了。除了人人皆知的魚沼產越光米外，還有許多不輸京都或金澤的傳統蔬菜，以及八海山、鶴齡、高千代等美酒。在江戶時代，這裡是北前船註的停泊地。船從日本第一大港的新潟港，順著日本第一大河信濃川逆游而上，沿途發展出各種文化，當然也包含雪國特有的乾貨、醃漬物、發酵食物等傳統飲食文化。

第二，我們發現這裡**自然環境無可匹敵**。雖然沒有著名的觀光景點，但被標高兩千公尺的群山圍繞的魚沼，四周散落著山毛櫸森林、賞楓祕境、溪谷及瀑布等不知名的絕佳景色。

另，我們對當地**溫泉的豐沛水量**也感到相當驚喜。魚沼市、南魚沼市所有源泉的總計湧出量，每分鐘竟達一萬八千四百九十五公升。若將此地區冠上「魚沼溫泉鄉」稱號的話，以它的湧出量而言，可說是全國排名第八的溫泉地。（雜誌《自遊人》二〇〇九年七月號別冊《溫泉圖鑑》）。

註：江戶時代到明治時代之間，航行於日本海的貿易船。

此外，這裡從東京搭新幹線只需一小時十五分鐘，開車也只要兩個小時就能抵達，交通便利更是不在話下。

在資料顯示「不可能開得成」的地方開旅館

不管在任何一個地方，只要你稍微從不同角度眺望它，就能不斷挖掘出「地方的魅力」。但對於把地方當作「日常生活一部分」的當地人，卻時常會忽略這樣的魅力。假如從事觀光事業的又是當地人，就更難把這些隱藏版魅力宣傳出去了。

魚沼這一帶離東京有多遠呢？差不多就是從東京到長野縣的上田。上田周邊有好幾處全國知名的大溫泉鄉，如別所溫泉、鹿教湯溫泉等，都是一般大眾知道非常有名的觀光地區。相對的，魚沼雖是公認的滑雪勝地，但就以觀光地的識別度而言卻相當低。所以，若以重視數據的傳統市場行銷理論來分析，一定會得出以下的結論：「上田周邊的集客力足夠支撐旅館開業，但魚沼夏天的集客力太弱。雖說這幾年滑雪場的入園人數下滑跡象有減緩，但和泡沫經濟時期相比，仍相差甚遠。總之，在魚沼經營旅館十分困難，而且滑雪客的平均客單價也不斷下降，想要營運一間高價位的旅館，絕對不可能成功。」

這真是再標準不過的模範解答。但真正的問題其實不在魚沼，而是這類模範解答式的分析，才是造成這個世界死氣沉沉的元凶。俗話說「以柔克剛」，但要怎麼個克法呢？我的結論很簡單：

「與輕井澤周邊相比，論自然環境，魚沼絕對是壓倒性大勝；論溫泉品質，魚沼也在輕井澤之上。飲食文化也是魚沼比較豐富，而且魚沼離交流道又比較近。綜合來說，魚沼還是有勝算。」

就現實考量，魚沼當然不可能贏過輕井澤或上田一帶，但他的確蘊含十分強大的潛力。

最大的問題在於知名度與宣傳手法，與輕井澤、上田一帶相比，魚沼欠缺的是「品牌力」。幸好「里山十帖」僅備有十二間客房，我有自信，只要打造出一座富當地魅力的設施，針對能產生共鳴的顧客做重點宣傳，一定可以達到滿房的目標。

我對銀行這麼說明：

「若從縣內的客單價、住房率等統計資料推算，我們的計畫確實不可能實現。但如果能將魚沼打造成如輕井澤、伊豆、箱根等具有『品牌力』的魅力據點，平均客單價和住房率當然也會不一樣。現在全國上下都在喊『觀光是未來重要的產業』，實際情況卻是沒人肯貸款給我們。如果你們也認同『觀光是成長產業』，就請貸款給我們吧。即使失敗了，破產的也是我，分行長你並不會被開除。請把我們當作新產業的試金石，貸款給我們吧！」

想必分行長也和高層經過一番交涉，銀行終於表態支持我們的事業，「里山十帖」的大改造工程也正式展開。不過，那原就是一間十分老舊的旅館，許多設備陸續被發現不堪使用，導致工程經費不斷上修。後來分行長換人，一切情況也跟著改變了。在工程的收尾階段，新任分行長告知我們：「你們的事業計畫書不可能實現，我們要撤回所有貸款。」我努力地跟他說明我們一定還得起，但新任分行長依舊冷淡地說：

「我看過修正後的事業計畫書了，怎麼算都不可能實現。你用新潟縣任何一家旅館的住房率、客單價去算，都不可能實現。就算我們把竣工尾款貸給你們，你們公司大概開業不到三個月就會面臨資金短缺和跳票問題。既然我早知會有這種結果，就不可能再貸款給你們了。」

我寫這段不是為了跟大家抱怨銀行有多麼不上道，事實上，像這種「過河拆橋」的情況，在任何一個地方或企業都可能發生。任何「**創新發想的大膽創意**」的企劃，都可能因為某人的一句質疑：「這真的沒問題嗎？」，慢慢限縮想像，於是大家又會不自覺地打出安全牌，逐漸把焦點放在可能發生的風險上，沒有人要討論風險對策，只是一味思考責任問題。在這種環境下，怎麼可能讓創新發芽茁壯呢？

開業僅三個月，住房率達百分之九十以上

二〇一四年五月十七日，「里山十帖」正式開幕。剛開幕的五、六月，只能用門可羅雀來形容。旅館，不只是種設備產業，也是勞力密集型產業，只要企劃稍微偏離軌道，就可能「立即破產」。這已經不是「活在恐懼焦慮中」足以形容，而是用著勉強維持的平靜的精神狀態，持續堅持著，相信客人一定會上門。

預約人數從開幕後的一個月，大約六月中旬開始大幅上升。曾經入住的客人發揮了「口碑行銷」，讓住宿人數迅速成長。七月的住房率為百分之八十二，八月為百分之九十二，九月稍微衰退百分之八十三，但十月立刻回升超過百分之九十，之後每個月分平均都維持在百分之八十左右。雖然目前我們仍在償還十七年貸款，離成功還有一大段距離，但顛覆常識的創新已經出現了，這是不爭的事實。這本書，正是想和讀者朋友一

同分享這個「事實」。

我在武藏野大學專攻室內設計。**一說到設計，就會讓人聯想到設計圖，以及最後呈現的成品，但這其實都只是設計的表面。真正的設計，指的應是解決問題或達成目的的過程。**比如說，客戶希望「將某樣產品賣給某特定客層」時，設計師必須先分析該特定客層的平時生活型態、風格喜好，思考能夠打動他們深層心理的手法。這個過程的基本戰略與邏輯非常重要。要是邏輯出現矛盾或問題，就必須重新設計產品、變更提案，能做到這一點才稱得上是設計師。換言之，**設計就是解決問題和達成目標的過程，**除此之外什麼都不是。像是產品設計、包裝設計或網路促銷方法等，其實都只是一些表面工夫而已。

顛覆常識的創新出自「設計思考」

市場調查可以根據問題設計方式，以及統計資料擷取與解讀方式的不同，產生截然不同的結果。當你企圖誘導受訪者對某件事表達「贊成」時，你可以把問題設計成使受訪者容易回答「贊成」的樣子，分析結果時也可以加進分析者與委託者的價值觀。雖說負責統計結果的電腦並沒有個人意志，分析數據的人卻可能抱持特定意圖，所以，「相信統計數字」這個行為的風險，其實遠超過一般人的想像。

在我們公司，會要求員工養成不依賴統計數字的習慣，重視的是「那你覺得呢？」在企劃某個主題時，最重要的是「體感．體驗」。先分析自己的感受，以及所見所聞，**再讓情緒緩和下來，冷靜地瀏覽相關統計資料**。這時候，一定會有你覺得「理所當然」的部分，也會有「咦？怎麼和我的感想不一樣」的情況。你可以試著逆向檢驗，從否定的角度看待你覺得「理所當然」的部分，從肯定的角度看待你覺得「咦？」的部分，看看能不能說得通。接著，去設想各種年齡、所得、職業的人如何看待這個主題，並用各種不同的模型下去做檢驗。

我們把這個過程稱為**「現實社會與統計資料的反覆檢驗」**（細節將於第二章說明）。

第二個要考慮的是社會現況。世人渴求什麼？朝什麼方向走？讓各式各樣的價值觀同時在自己的腦中流動，再透過「體感．體驗」抓住其中最主要的一股潮流。思考一個擁有多重價值與複合意志的人，會想去哪裡？需求什麼？我們要一邊客觀審視時代趨勢，一邊思考自家公司核心價值與社會承諾，並且反覆檢驗。我把這樣的過程稱為「共

鳴整合」，是「設計思考的基本邏輯」。

有人說「這種思考方式得出的結論，精準度會比電腦低得多」。但我認為正是因為它加入了人為的「直覺」，所以才能得出不同於電腦的答案。

以市場行銷理論為首的經濟學發展迅速，加上電腦的運算功能日漸強大，使大家產生一個錯覺，以為只要靠計算，就可以預知未來。沒錯，很多時候，像是股價、天氣預報等短期未來，是可以計算出來的。但不要求多，一年後就好，一年後的股價是漲是跌，恐怕連經濟學家都是各說各話。

這樣下去的結果是什麼呢？就是大家一股腦地追逐短期利益。不只是股票投資或外匯，就連做生意也是，一聽到有人預測「這東西會流行、會大賣」，立刻蜂擁群起，像蝗蟲過境一般把市場大餅啃光光。在這種狀態下，根本無法容納企業實現社會承諾的空間。

想要突破現狀方法之一，就是本書的主題「設計思考」。最近很多人跟我說：「岩佐先生的發想過程才是真正的設計思考。」「里山十帖」開幕不到一年，就有很多人表示：「我們想親自體驗『里山十帖』的發想過程。」包括博報堂品牌設計公司（hakuhodo brand design）的研習活動、汀恩德魯卡日本分部（Dean & Deluca Japan）的高階主管會議、IT企業的高階主管研習等，都曾來我們這裡拜訪過。然而，要學會設計思考光是閱讀本書是不夠的，更重要的是對這個思考法產生共鳴。接下來在第一章中，為了讓大家對我的體驗有比較深的感受，並充分了解「現實社會與統計資料的反覆檢驗」過程為何，**我會以體驗筆記的方式，描述我們如何從接收老朽的溫泉旅館、進行改裝，到設計服務與餐點的內容**。

若想獲得更貼近真實的感受，請去找一間看起來凋零沒落的溫泉旅館住一晚，然後盡情發揮你的想像力，想一想「如何從這麼小的一間旅館開始，改變整個地區」、「要怎麼改造這間旅館，才能博得顧客歡心」，還有「為了改裝旅館要跟銀行貸好幾億元，得怎麼償還這筆貸款」。

在第二章中，我會針對顛覆常識、點燃創新的「設計思考」進行解說，特別是它的思考迴路與方法論。我會告訴大家如何孕育嶄新的價值觀，以及如何打破這個社會的封閉感。**在第三章中，我整理出十個重點法則，解說「里山十帖」是如何從設計思考中誕生出來的**。

老實說，「里山十帖」才開業一年，我相信一定有人會覺得：「才一年而已就寫書，會不會太早了？」「才十二個房間，就說得一副頭頭是道的樣子。」我自己也覺得

「里山十帖」現階段還不算成功，畢竟要償還十七年的貸款，要是中途受挫，一不小心就會陷入「還是照銀行說的做吧」這種結局。但開業這一年來，有件事情是肯定的，那就是旅館等同地區的櫥窗，蘊含十分龐大的潛力。它的潛力大到即使是被認為毫無魅力的地方，還是有客人肯前來光顧。

這不是在打廣告，我真心建議各位如果想要體驗我的說法，最好的方式就是來「里山十帖」住一晚，看看這裡的客人、看看他們的表情、看看他們「感受」到什麼，再加上自己親身的體驗，我想你就能了解我說的「共鳴整合」是什麼意思了。

創意總監　岩佐十良

第1章

「里山十帖」的開業奮鬥記

被銀行宣告「絕對會失敗」後，一鼓作氣逆轉勝

就是這片可以眺望卷機山的梯田風景，讓我下定決心在這裡開業。

Step 1

一切從這裡開始

一切都是從一通電話開始

「你知道山上的大澤山溫泉吧，那裡有一間溫泉旅館六月底就要歇業了，你有興趣嗎？」

二〇一二年五月十四日，雜誌《自遊人》編輯部從東京日本橋遷到新潟南魚沼第九年的春天，我忽然接到這個消息。打電話給我的，是一位和我們交情不錯的農夫，他就住在大澤山附近的村落。

「聽起來不錯，它現在的狀態如何？」

「主建物是從隔壁城鎮解體運過來老舊民宅，屋齡一百五十年；還有一座二十幾年前開業時建的客房棟、一座把倉庫改裝成休息泡湯區的休憩棟，加上住宿者專用的溫泉棟，合計五棟建物。當然，建物本身或多或少有損壞，但他們一直都有在營業，所以我想還沒有壞到不能用的地步。」
「屋齡一百五十年的傳統民宅，聽起來很棒耶，價格大概多少？」
「他們給銀行設定抵押權了，價格要看銀行那邊怎麼說。」
「好，我明天先過去一趟再說。」
其實，我那時正考慮把公司從新瀉搬到其他地方。我想找個看不見人工建築、遠離人煙的鄉下經營一間店，可能是餐廳，或是體驗館之類的。當時的構想是「晴耕雨讀的世外桃源」。目標顧客是創意人、作家等靠創造力維生的人，還有經營者、程式設計師、醫師等平時繃緊神經、埋首工作的人。我想創造一個可以讓這些人放鬆休息的空間，以及一個可以滿足他們五感的空間。他們可以一整天眺望梯田、讀書，或一直賴在床上，不介意的話也可以直接光腳走進梯田裡。
雖然我們公司給人的印象是雜誌編輯工作，但其實我們搬到新瀉之前，已經把重心放在食品販售方面。我們以「無添加．國產食材．傳統製法」為關鍵字，推出多樣商品，讓許多食物重獲新生。
「一粒米就是傳播媒體」
這是從本公司的核心理念衍生出來的想法。對我們來說，雜誌也好，食品也好，

「晴耕雨讀的世外桃源」的構想也好，全都是傳播媒體。

選擇另覓新天地，還是留在此地

當初我們之所以打算搬離新潟，是基於農地確保、食物安全性，以及經營上的理念。我們當然也考慮過在新潟打造「晴耕雨讀的世外桃源」，但包含南魚沼市在內的整個魚沼地區，已是全國數一數二、連專業農夫都很難擴大農地規模的地區。畢竟這裡「盛產不用宣傳也能高價賣掉的越光米」，幾乎沒有被棄耕的農地。我們一直試著想確保擁有自己的農地，但門檻比我們想像中來得高很多。

「轉移陣地到其他縣，或許比較容易得到理想的環境。」

所以我們的搬遷候選地，理所當然地排除了新潟。還有一件事，就是二〇一一年三月的核電廠事故，對我們的業務造成直接衝擊。

本公司以「安心．安全．國產食材」為訴求，販售有機食品，所以核電廠事故對我們造成的衝擊相當大，甚至動搖了公司存續的根本。由於我們比其他同業執行更嚴格、徹底的放射性物質檢查，所以很多商品都被迫「暫緩販售」，導致最後「沒商品可賣」。六月，我們訂的德國製放射物質偵檢器送來了，但偵測極限只有十貝克勒。許多公司都使用這種偵檢器，販售所謂「零檢出」的食品。但我們公司使用的是更精密的鍺半導體檢測儀，而且隨時檢查。結果，直到十二月為止，所有商品仍幾乎無法銷售。而且，我們還公開一貝克勒左右微量污染的食品清單，使得這些食品也全部變成「不良品庫存」。我們本來的用意是想宣告：「這些產品的污染數值皆不滿一貝克勒，請大家不用太擔心！」實際上卻造成反效果，結果完全賣不動。

一般來說，除了雜誌社經營的網路商店，其他像複合式精品店（select shop）這些經營事業，基本上都不會自己囤積庫存，不過缺點就是，有時真正好的商品會進不到貨。但是，我們的網路商店庫存比例卻極高，在米方面更是採取全量收購制，而且基本上都是提前買斷。

除此之外，「公司位在新潟」這一點，也使我們受到不小的傷害。其實我們所在的南魚沼，土壤污染甚至比東京還低很多，屬於極微量污染，但由於我們的客層都是有機食品的忠實顧客，因此對我們的傷害極大。

「土壤既然遭到污染，那你們的商品不也暴露在輻射下了嗎？」

「土壤乾燥後會變成灰塵，所以放射性物質也跟著擴散到空氣中不是嗎？」

這些過度敏感的質疑聲浪不斷襲來，使得我們的銷售額銳減。二〇一二年春天，我們幾乎沒有其他的選擇了。

「趁還有餘力的時候，趕快搬遷到其他地方吧。」

很幸運地，我們找到一片廣闊且景色絕佳的土地，這在魚沼是絕對找不到的。但在我們準備把公司遷過去時，也很擔心這樣做是否被認為「對魚沼忘恩負義」。我們販售的魚沼產越光米，雖然污染含量低於一貝克勒，卻被檢驗出含有微量的銫。不過，那是只有採用特殊農法、個別的生產者才有的狀況，其他生產者的米經過多次檢驗，完全沒有問題。遺憾的是，我們公司的產品「被檢驗出含有銫」的消息開始不受控制地流竄，引發喧然大波。

於是，開始有人指責我們破壞魚沼產越光米這塊招牌，叫我們「快點滾出去」；也有人認為：「縣政府或國家的資訊讓人難以信任，你們主動公布出來反而讓人安心。」

在這種狀態下，我們出走新潟，難免給外界一種印象：「原來新潟的汙染這麼嚴重啊？」

除此之外，當時我們正與被檢出含微量銫的生產者進行一項實驗，亦即「銫不會被稻子吸收的方法」。這麼做，並不代表我們接受核污染事故，而是認為事情既然已經發生，繼續唉聲嘆氣也沒用。因此，在這個科學的時代，我們提出一項假設──「用這個栽培法，稻米就不會被檢驗出銫」，然後開始進行實驗。要我們在這節骨眼上，突然對生產者說要搬到其他地方，難免會感到內疚。

就在這處境下，那通電話響了。

「你知道山上的大澤山溫泉吧？」

獨一無二無法複製的建築，天堂般的景觀

大澤山溫泉區有三間旅館，分別是溫泉源頭的「幽谷莊」、「守護日本祕湯會」會員專用旅館「大澤館」，以及電話中提到的旅館。這間旅館位於大澤山溫泉區最深處，遠離縣道，獨自佇立在森林中。

傳聞中的主建物是一棟非常棒的房子，全棟櫸木、塗漆。即使位於大雪地帶，也很少看到用料這麼實在、樑柱這麼粗的建築。當然，它的用料都是現在絕對沒辦法拿到的材料。我心想，一定要設法讓它風華再現。

走在旅館旁的森林步道，數層梯田出現在我面前，宛如一片夢幻景色。正面望去是覆雪的日本百岳名山卷機山，圍繞著梯田的森林傳出陣陣鳥鳴。這裡簡直就是人間天堂。看到這樣的景色，我完全放鬆了。

「不管轉移陣地到哪裡，都避免不了經營風險，不如就留在照顧我們多年的新潟魚沼，盡力做我們能做的事吧！」

包含設備的整修費，總預算一億日圓

隔天開始，我每天都去那間旅館一趟，檢查它的營業狀態及相關設備。其中，最讓我擔心的還是它的配管、熱水鍋爐、空調等設備。

「硬體設備目前的狀態如何？」

「一定要更換的就只有給水幫浦，大概五十萬日圓吧。還有客房棟的屋頂必須修理，那裡的屋頂有一部分被去年的大雪壓壞了，工程費用大約要兩百萬日圓。其他就沒什麼大問題了。」

超過七十歲的老闆信心滿滿地說。

「冬天大概是什麼狀態？」

「這點我一定要老實跟你說，**這棟主建物，冬天就算開暖氣還是很冷**。你看，這棟的天花板有十米高，古時候是為了讓地爐的煙有地方可以跑，結果現在反而讓暖氣一直往上跑，留都留不住。就算你面對暖爐時臉和身體是溫暖的，背部還是會覺得冰冷。甚至吐氣還會冒白煙呢（笑）。不過，只要跟客人說：『哎呀，畢竟是祕湯旅館，您就**將就一點吧！**』客人多半會接受的。」

主建物看起來是非常豪氣的傳統民宅，但聽說在冬天，就連當作餐廳都不可行。另外，**客房棟也蓋得很簡陋**，而且老闆說，去年這裡的中央空調暖氣和屋頂融雪裝置都壞掉了。

「中央空調壞了，房間怎麼取暖？」

「用煤油暖爐。中午十二點開到最強，到下午三點 check-in 時，房間就會變暖和了。」

「真的只用煤油暖爐？客人不會抱怨太冷嗎？」

「沒有耶，反而受到好評，說『這樣空氣比較不會那麼乾』。」

購買前屋主說「設備沒問題」，但「實際上根本不能用」，這種故事實在聽太多了。老闆的話當然不能盡信。就我目測，以這裡的熱效率來看，鍋爐勢必也要更換。

「鍋爐還勉強能用啦，只是營業時有一點要注意，冬天燒熱水的瓦斯費和電費加起來，一個月至少要兩百萬日圓。岩佐先生對能源似乎很內行，應該很清楚，能源費用可是經營旅館的關鍵。另外，冬天要請專人除雪，租用挖土機和除雪機的費用，一個月要五十萬日圓以上。還有為了維持館內走廊和公共空間的溫暖，煤油費還要再多加個五十萬日圓以上。**經營這間旅館最困難的地方，就是怎麼撐過冬天。**」

客房僅有十二間。冬天光要應付下雪，一個月就要花三百萬日圓，除以三十天，一天至少要十萬日圓，等於每間客房要負擔八千三百三十三日圓。一間客房平均二點五名客人，以住房率百分之五十計算，光是暖氣費一個人就要收六千六百六十六日圓。

事實上，這間旅館開幕至今二十年，大約換過三名經營者。這三個人一開始是共同出資，提供擔保，所以算是共同經營，實際上卻是每個人輪流擔任經營者。這三人都曾面臨一個無法克服的難題，就是冬天的開銷。這裡離上越國際滑雪場很近，所以冬天會做滑雪客的生意，但由於客單價下滑，所以連暖氣費都無法回收。現在正和我說話的這位「老闆」，是在二〇一一年的夏天就任。他心想，前面兩個人都失敗了，自己是最後一棒，一定要全力以赴，下場卻是收支不平衡，而且他把家人都拉進來一起投入，導致整個家庭都快面臨崩解。「不管怎麼努力，就是無法轉虧為盈，再這樣下去，我的家庭會垮掉。如果是房子、建物被收走，我還可以忍受，但家庭崩解是我完全無法接受的。」所以在經營不滿一年之際，他就決定放棄了。

我們接手之後，一些設備陸陸續續故障，隨後又發現客房的工程偷工減料，可說是一波未平一波又起。當時很多人質疑我：「調查的過程是不是太粗心了？」

但實際上，徹底調查須耗費許多時間和成本，現實上做不到。除此之外，還有一個內情，由於老闆這次鐵了心「六月底收起來不做了」，因此提供貸款的當地農會急著找人接手，希望有公司能夠接下這間旅館。

旅館一旦歇業繳回執照，想要再重新申請可說是難上加難。因為建築物和更新的設備必須符合現行法規，就現實層面考量，重新申請執照開業幾乎是不可能的任務。所以我只有兩條路走，一個是繼承執照同時收購不動產，另一個是放棄。

先撐過這個冬天再說，這是緊急課題！

我們五月十四日開始洽談，七月二日簽約，中間只經過一個半月的時間。速度之快，連我自己都嚇到了。

六月上旬開始，**我穿上工作服，實際在這間旅館工作**。包括晚餐送菜、洗盤子、盛盤、掃廁所，全部都體驗過了。我盡可能地接觸大量客人，詢問這間旅館吸引他們的魅力是什麼。我那時獲得的感想是，**「只要改變做法，這間旅館很有機會重生」**。

我預計花兩千四百萬日圓把十二間客房（每間兩百萬日圓）重新整修並做斷熱註工程，花兩千萬日圓整修主建築並做好斷熱，更新設備也要兩千萬日圓，再加上收購不動產需要四千萬日圓，預算總計約一億日圓。

當然，我沒有一億日圓的現金。

對企業來說，財務報表的數字是盈是虧，至關重大。沒有人會借錢給虧損的企業。加上旅館經營這一行的不良債權堆積如山，要銀行借錢給虧損企業去開旅館根本是不可能的事。我們公司在大地震後經歷了一波組織瘦身，財務報表好不容易出現盈餘。

「一億日圓，應該借得到。」

憑我經營公司這二十幾年來的經驗，直覺這個額度應該沒問題。當時，我們已經準備好不動產買賣的款項，但更新設備和整修的費用一直沒有著落。斡旋這個建物的農會抱持的立場是：「那間旅館你再怎麼拚命做，也不可能轉虧為盈。」當地的銀行也表示：「我們不能再貸給旅館業了。」連我們公司在東京常往來的都市銀行也回答：「鄉下的旅館擔保價值是零，所以不可能。」老實說，現在回想起當初的倉促行事，真的會讓人冒一身冷汗。但我當時確實深信：「一定可以經營下去，資金也會有辦法湊齊。」

我和旅館的前老闆講好，以他們全家無償為我工作到八月底為條件，簽下了不動產買賣契約。購買老舊旅館，工作交接非常重要。若沒有經過交接，這麼巨大的設施，很多東西的位置在哪裡你可能都搞不清楚。

不可思議的是，簽約後的隔天，設備接二連三出現狀況。一下子客房沒有水、一下子後院突然噴水、一下子溫泉水不夠熱……。估價單不斷追加，漸漸地，整個修繕工程預算已失去掌控。八月中，我有一股強烈預感，一億日圓是不夠的。

註：阻隔屋內外冷熱空氣對流。

通常來說，正常人應該會就此打住，重新檢視所有問題。更何況，以改建旅館的標準流程而言，其實需要一個三年期計畫──「一年構想、一年設計、一年施工」。若照這個流程，一般情況一定會想說：「反正先試著營業一年看看再打算。」但我們每過一個月就要虧損兩百萬日圓，一年就等於直接把兩千萬日圓丟進水裡啊。

再加上這裡是雪之國度，從十一月底到四月底會因為大雪封鎖，完全無法施工。冬天不僅要支付驚人的暖氣費，建築物每年還會因為雪害而損壞。可以預見，假如我現在沒有先做好冬天的防範對策，明年春天就會重蹈前經營者的覆轍。

尤其是，這間旅館位於特殊的豪雪地帶，這是簽約後當地人告訴我的。我搬到魚沼也有九年了，大概知道雪國冬天下雪的樣貌，沒想到當地人卻異口同聲地回我：「才不是那種程度！」

我半信半疑，直到有一天我看到一張照片，才懂得他們說的意思。**十三米高的主建築居然幾乎被埋在雪堆中！**

「你看，這塊地周圍被幾座小山環繞，像一個大碗公一樣。只有東邊一個開口，風從那裡吹進來，西邊降下來的雪碰到風，被捲上去，全都落在這裡了。別人家積雪三米的話，它就有六米；人家四米的話，它就有八米。很可怕的（笑）！」

因此，我把老舊主建物和走廊打掉一部分，確保除雪機進得去，並保留一些排雪空間，同時也檢查了埋在地底下的配管。

九月十二日。冬天防範對策的第一期工程開始了。

沒想這麼一動工，宛如打開了**潘朵拉的盒子**。

埋在地下錯綜複雜的鐵管，自來水及溫泉水全都滲出來，下水道的水管也破裂了，汙水直接滲透到地底下。由於狀況實在太慘烈，我們不得不關閉那台超級耗能的儲熱型鍋爐。

「這一定得全部重新配管才行。」

設備業者咕噥著。

沒有回頭路的第二期工程正式啟動

到了九月下旬，我只剩下兩條路走，全面翻修，或是無視於目前投資的金額，**乾脆重新整地**。

到目前為止我們投入的金額已經超過六千萬日圓，全面翻修是很大的工程，絕對不是一億日圓就能解決。為了換配管、放入斷熱材料，必須把牆壁全部拆掉；而為了解決「隔音太差」這個客訴問題，必須把地板和天花板也全拆掉，放入隔音材料……。

這麼大的工程一定要請設計師和監工人員來做，於是我聯絡我的大學好友，他正好經營一家專門做飯店翻修的公司。這位出身於大型建設公司的室內設計師，帶著施工業者來見我，看著被挖出來的配管說：

「這很花錢哦，一億日圓一定不夠，至少要再多一倍。」

兩億日圓的投資或是撤退？我煩惱不已。前老闆經營的時候，一泊二食的平均單價訂在八千八百日圓，我接手之後會改變菜色，調整單價到一萬兩千日圓。假如現在再砸下兩億日圓以上，客單價勢必也得大幅修改。而且這個工程一定要請專人設計規劃，時間上的消耗更是致命因素。

友人說：

「你找我來，我當然很感謝，可是我接下來半年檔期都滿了，設計的部分再怎麼趕，正式動工也要一年後。這裡冬天又不能施工，所以大概要兩年後才能完成。資金方面沒問題嗎？如果想要壓低經費，乾脆你自己設計如何？你以前也當過設計師不是嗎？」

我和他是武藏野美術大學工藝工業設計系的同班同學，都是專攻室內設計。我在學生時期確實接過空間設計的案子，不過那是打工性質，做為一名專業的室內設計師，我並沒有經驗。

「專門做旅館或飯店的設計師很少，你找別人，我想他也會給你一樣的答案。設計的時間最少要半年，甚至要一年。所以我才覺得，你既有旅館經營概念，又了解這個建築物的構造，**何不自己設計呢？不但比較快，成功機率也比較高。**」

剛好在這時候，當地銀行「伸出援手」通過了我們申請的貸款。還記得那時，我是這麼說服分行長的：

「現在全國上下都在喊『觀光是日本未來重要的產業』，但實際上『旅館是衰退產業』。我今天不是要蓋一棟五十間、一百間客房的新旅館，而是跟你們貸款用來整修十二間客房的費用。假如分行長您真心認為『觀光是日本未來重要的產業』、『觀光是成長產業』的話，就為了這僅有十二間客房的新旅館的未來，賭上一把吧！」

在這背水一戰的時刻，突然出現這一道曙光。

「跟它拚了！」

十一月五日，再一個月就是雪季了。為了節省成本及加快速度，我決定不叫承包商或土木工程公司統包，而是直接個別找師傅來做。於是，沒有回頭路的第二期工程正式展開。

旅館就像一扇櫥窗、一座實體媒體

這次的翻修重點在於細分工期，讓我們在工程施作期間還能試營運。第二期工程是替換主建物的地板和門窗。**這次既然下定決心要「徹底翻修」，舒適度當然是首要，而第一課題便是從技術層面徹底改善能源效率。**

大地震之後，我曾經造訪歐洲、紐西蘭等環境先進國學習能源的相關知識。我從中獲得最大的啟發就是，**跟我們日常生活最切身相關、最重要的節能措施便是「斷熱」**。如何節省一個月兩百萬日圓以上的能源費用，是我在經營上的關鍵課題。

因此，從十二月十日開始的第三期工程，我對全館徹底施行了斷熱工程。也在屋頂的一部分，實驗性地在融雪裝置使用新素材。除此之外，趁著這次全館整修的機會，我打算把各種「提案」都放進這棟建物裡。

我常思考「旅館應該成為地區與生活風格的櫥窗」。整棟旅館就像是一座實體媒體，在這裡，你看得到、摸得到、感受得到、吃得到、可以休息、可以睡覺……。就像在做雜誌一樣提出各種方案，不，範圍可能更廣。比如說，我目標是讓這間有一百五十年歷史的主建物，變成一個融合現代生活舒適性及舊民宅強韌性的空間。提到傳統民宅，通常必備的要素就是地爐和階梯式櫥櫃，但我刻意不擺放這些東西。理由是，我希望現在仍住在傳統民宅的人來到這間旅館時，可以驚艷地發現：「原來還有這種生活方式！」

我常聽造訪魚沼的人說：「這裡的街道太無趣了，應該多保留一些傳統住宅。」聽到這些沒住過傳統住宅的人高喊「要保存傳統住宅」，總讓人覺得有些自私。因為實際住在裡面的人會覺得這種房子又暗又冷，無法靜下心來，他們心裡其實想的是：「在木質地板上放張彈簧床，這樣的房間，我希望一輩子至少可以住一次。」「我希望可以住在明亮、白色牆壁的家，這樣擺上沙發就不會顯得突兀。」我期望創造的空間，是能讓當地的老婆婆們來訪時說：「這裡的樑柱和我那破房子很像，難道我們家也可以改造成這樣？」

想要守護傳統住宅，必須先讓生活在裡面的人改變想法。你一定要想辦法讓他們知道，他們住的地方不是「破房子」，而是「可以彰顯國內外著名家具價值的空間」。所謂設計，絕非僅是形態優美、想法嶄新就好。**設計的本質應該是「改變社會的力量」、「使生活變得更豐富的力量」。所謂的設計無非是解決問題與達成目標的過程。**

十二月二十九日，第三期工程結束，年節假日的試營運正式開始。

這個挑高十米的開放空間有辦法暖和得起來嗎？屋頂融雪裝置要花多少燃料費呢？尤其是主建築的迎賓大廳，重新改造後，斷熱和暖氣能否達到效果，更是一大賭注。由於這是一棟木造建築，又是傳統民宅，到處都是縫隙，因此我採用高氣密住宅的概念，導入噴覆式斷熱工法與空調循環系統。熱源的部分，我採用四種燃料，電、煤油、木柴、顆粒燃料，依照不同狀況與時段使用。光是迎賓大廳的斷熱和暖氣的工程費用，就花費超過四千萬日圓。即使如此，還不保證可以「暖和得起來」。不只是木工師傅這麼說，連水電、斷熱、設備、門框等，所有與工程相關的師傅都表示：「這麼大間的傳統住宅，暖氣真的會有效果嗎？我不敢保證。」

十二月二十八日深夜，水電工程結束，暖氣設備啟動試機。

「成功了！」

當佑大的開放空間暖和起來時，老實說，我眼淚都快掉出來了。這時候，我的投資金額已經超過一億日圓了。

整修工程的過程以及工程進行到一半的紀念照

Step 2

受挫～重新啟動

翻修或重建

正月初一，第四期工程開始，終於要開始針對客房棟進行一半的裝潢了。

魚沼的冬天其實無法進行工程，因為到處都被大雪覆蓋，沒辦法做基礎工程和外裝工程，而且，大部分的師傅都跑去除雪或滑雪場「做冬工」了。對師傅來說，冬天的工作比較難確保，所以價格也比較高。但我不可能等到明年春天再開工，因為我想先裝潢一半的客房，試試看斷熱和隔音效果可以做到什麼地步。

原本預估整修客房棟的預算是兩千四百萬日圓，但現在我知道根本不夠。全棟徹底實施斷熱、換門窗；為使上下左右具備隔音效果，把牆壁加厚，加入吸音素材；廁所、淋浴間、空調全部換新……估計整棟的整修費就將近一億日圓。

主建物是傳統民宅，拆掉就沒了，不可能二度重建。但客房棟是為了主打「祕湯旅館」這個主題才蓋的，建築本身十分簡陋，別說斷熱，連隔音都沒有做。隔音差到上下層的人可以互相講悄悄話了。因此，我前面提到的大學同學、木工師傅等，許多人都建議「打掉重蓋」。客房棟的樓地板面積有三百坪，以每坪五十萬日圓來算，估計要花一億五千萬日圓，以一坪六十萬日圓來算就要一億八千萬日圓。若是重蓋，隔間就變得很自由，什麼問題都可以解決。換句話說，就結果來看，與其重新裝潢不如拆掉重蓋比較「划算」。但是，**我仍毫不猶豫選擇了重新整修，因為從垃圾處理的觀點考量**，拆掉重蓋會製造大量的垃圾，雖說它的用料很簡陋，但看到這麼大量的木頭在壽命未終前就被報廢，我會感到很心痛。

主建築迎賓大廳的主題是「老東西與新東西的共存」，所以我在傳統住宅中放進現代家具，在開闊的空間安裝暖氣。**客房棟的主題則是「再利用」，「即使是簡陋的建築，也可以重生至此，並真正地被使用」，這就是我想做的提案。**

第四期工程預定在黃金週開始前一天結束，到時我想實際運用那已改造一半的客房。除了主結構以外，所有牆壁、地板、天花板、設備等都已換新，所以外表看起來跟「新蓋的」沒什麼兩樣。但其實它只是經過「整修」的木造建築，所以和預期的一樣，震動噪音並無法完全消除。我已經對所有牆壁、天花板、地板實施一切我想得到的遮音、隔音、消除震動等施工手法，但樓上的震動聲音還是會傳到樓下，打開窗戶的聲音也會透過樑柱傳到樓下。由於隔音和氣密性提升的關係，反而使震動噪音更容易增幅了。

我用編雜誌的心態，「編輯」這座旅館

老實說，過程中我也曾灰心地想：「早知道聽大家的話，打掉重蓋就好了……。」但幸好顧客的反應奇佳，把我從失望的谷底拉了上來。

旅館或飯店的標語常會寫「請把這裡當成自己的家或別墅，好好放鬆休息吧」，但我的改裝工程的出發點，卻是從重新定義這句話開始。

溫泉旅館的房間裝潢雖多是寬廣的和室空間，但**住在裡面並不會使人放鬆，原因是「現代人很少生活在和室」**。有些人晚上在房間內吃服務人員端上來的飯菜時，會覺得腰酸背痛，就是因為平時就沒有盤腿坐坐墊或附靠背坐墊的習慣。

因此，**我盡量把室內裝潢得接近現代生活空間，並放置讓人可以隨意使用的家具**。每間房的內裝和家具都有些許不同，比如說，地板分成榻榻米、原木、地毯三種；牆面

使用調濕效果高的桐木原木或具殺菌效果的檜木原木；房間或公共空間的家具，則是各大飯店旅館也採用但在日本很少見的高品質家具。當然，使用好家具的旅館很多，但幾乎都是一泊二食要價五到六萬日圓的名貴飯店。就我所知，住一晚兩萬日圓出頭的價位中，沒有一間旅館使用的家具品質比我們還要好。

住宿設施的經營者看到這些家具，往往都會吃驚地說：「啊？有必要用這麼高檔的椅子嗎？」「用通用產品不就夠了嗎？」為什麼我堅持要用「正品」呢？理由依然是──「因為旅館是生活風格的展示櫥窗」。

我們的餐廳放了二十種以上的椅子，讓大家可以選擇自己喜歡的椅子坐。客房中也放了各式各樣的椅子和沙發，床或寢具也都是我們精挑細選的「推薦商品」。換句話說，我把這間旅館當作實體媒體在經營，就像編雜誌一樣，如：「坐起來超舒適的椅子特輯」、「讓你一覺到天亮的床特輯」等。而且，裡面的東西幾乎都買得到。這座設施本身就是個媒體，就是櫥窗，就是商店。

支出超過三億日圓，住宿價格可以壓到多低？

六月開始全館關閉，終於要進入最終工程。工程內容是改裝另一半的客房棟、移設溫泉棟、興建露天溫泉、改裝原本是休息泡湯區的休憩棟、修建玄關周遭等。比較大的問題是，原本休憩棟只打算改裝，然後就直接開放營業，但因為裡頭配管損害嚴重，溫泉熱氣造成樑柱損壞，已到了不可修復的地步，為了安全起見，只好把它拆掉。最後確定，總支出已攀升到三億日圓。

一座僅有十二間客房的旅館，投資竟高達三億日圓，這種金額說給別人聽大概沒人會相信。一般來說，飯店的整修費用，每間客房大約是一百萬日圓，若連衛浴也更換，一間大約要花兩百萬日圓。我們的費用卻比一般的情況多了一個零，因為這座旅館除了主結構以外，幾乎都無法使用，還必須因應豪雪追加預算。此外，「要做就做到最好」的想法，也是原因之一。

想當然爾，原本預估的住宿價格是不可能實現了。

當時，我們還是沿用舊的旅館名稱營業，雖然價位稍微調漲，但仍維持在一泊二食一萬五千八百日圓。這樣價位是還不了貸款的，可是，若比照熱門觀光地區的高級旅館或飯店，將一泊二食調到五萬日圓以上，抗性勢必又會大增。

為什麼旅館住一個晚上需要花到五萬日圓以上呢？就由我來為各位解釋這個現象吧。入住高級旅館或飯店的旅客通常是兩人同行，**但最近，旅館經營者重視的指標已不再是「住房率」而是「來客率」**。計算方式是「一坪一人」。換句話說，五坪的客房，就要有五位客人支撐。旅館的客房一般來說是五到六坪，原本應該要五到六個人支撐的房價，卻只有兩個人入住，所以即使住房率達到百分之百，來客率頂多也只有百分之三十三到百分之四十。反過來推算，即使是專做團體客、一泊二食價格設定在一萬日圓的旅館，以雙人房來說，其實他們希望可以賣到三萬日圓。若是提供一定程度的服務或餐飲，價位設定在一泊二食兩萬日圓的旅館，以雙人房來說，其實他們期望要賣到六萬日圓。

還有一個算法是，高級旅館的客房通常是一百平方公尺，大約是三間五到六坪客房的坪數，以來客率考量，應該要有十五到十八人分擔。換言之，假設一泊二食每人以一萬日圓計算，一間客房一晚應該要價十五到十八萬日圓。所以若只有兩人入住，每人一泊二食最少要價八萬日圓。

因此飯店的心態就是，反正訂的價格已經比原本「期望」的低太多，所以裝潢得便宜一點、家具使用通用產品，那也是沒辦法的事。當然，在這種狀況下，再怎麼用心準備餐點也是有極限的。

有人會問：「改成飯店如何？」、「改成商務旅館的話，成本應該便宜許多吧？」飯店和日式旅館的差別在哪？簡單來說，**日式旅館除了是設備產業，同時也是勞力密集產業**。小規模的城市型飯店雖然也是勞力密集產業，但若是規模越大、型態越接近商務旅館的飯店，越能擺脫勞力密集的型態。也就是說，單就利潤考量，與其開高單價的旅館，不如開低價型的大型商務旅館。

簡單計算一下便一目瞭然，小規模的日式旅館提供高品質的料理和服務，以一間房兩位客人來算，一泊二食的單價最低也要三萬日圓。稍微有特色一點的，可能要五到六萬日圓，認真講究每個細節的，可能就要十萬日圓了。

近年開幕的高級日式旅館，每一家至少都開價五萬日圓以上，但還是有不少人覺得「內部裝潢太簡陋」或是「料理內容普普通通」。原因出在「本來希望的定價是十萬日圓，但十萬日圓就沒有客人上門，既然如此，就只好從其他地方刪減預算」。

在壓低住宿費用方面，我們的想法則是「**把公共空間弄得舒適一些，那麼客房只要四十平方公尺大，便可做出十分怡人的空間**」。

早期的日式旅館最大的特徵就是公共設施特別多，像是可以同時接納多個團體的開闊大廳，還有大宴會廳、中宴會廳、會議室、卡拉OK、娛樂中心等等。我們接收的旅館也是，我們只打算做十二間客房，但整體樓地板面積卻有兩千坪。每間客房預計只有四十平方公尺（約十二坪），若把公共空間算進去，一間客房的面積最多可以分到一百六十五坪。當年這間旅館是以團體客為目標客群，自然需要比較大的宴會廳，但現在我既不以團體客為目標，便不需要大型宴會廳。

一般來說，在整修這種老舊旅館時，會把兩到三間房合併成一間，但我們這次幾乎都保持客房原來的面積。假如把客房變大、客房數減少，我們就沒有多餘預算，可以花在料理、家具等希望顧客獲得感受的主題上面了。

我們的想法是，比起寬闊的客房、豪華的食材，我們更注重顧客在旅行中獲得的感動。

日本屈指可數的絕景露天溫泉旅館誕生

七月一日，住宿專用的浴室棟移設工程開始進行。

首先，利用千斤頂把建物抬離地基，放在軌道上，往東移動二十五公尺到新的地基上，移設的目的是為了避免遭受雪害。原本的浴室棟離客房棟只隔五公尺遠，會這麼配置，主要是因為再過去就是別人的土地了，但看在顧客眼裡，心裡一定會疑問：「為什麼這兩棟要靠那麼近？」客房的窗戶一打開，隔壁浴室棟的外牆就豎立在眼前。

而且每年這裡都會發生「雪害」，客房的窗戶很可能會被積雪封住，非常危險。欄杆、屋頂，到處都會被雪壓壞。根本的解決之道就是跟隔壁借地，把建物的距離拉開。

於是，我們購入不動產後，立刻和鄰地地主展開交涉。但這時候，我們又發現一件不得了的事實！原來露天溫泉旅館早已經越境到鄰地了！不僅如此，連淨水槽、停車場也分別越境到不同所有權人的土地上。

「這在鄉下，特別是深山裡常發生啦！」當地人說。但這對住在都市的我們而言，簡直難以置信。

移設浴室棟還有一個理由。

因為原本露天溫泉四周都是杉木林。當然，「森林風呂」也很棒，沒有問題，只

是我從地形圖判斷，把這些樹木砍掉的話，眼前很可能是一片開闊的絕佳景色。

在進行移設工程前，我們取得地主的同意，開始砍伐這片杉木林。一棵一棵樹接二連三地倒下，原本鬱鬱蔥蔥的森林，頓時變得明亮起來。砍伐工程經過一個禮拜左右，遠方的山脈終於映入眼簾。

「哇，這景色太棒了！」

無論是從露天溫泉的移設預定地看出去，或是從客房看出去，景色都已完全不同。四周環境的驚人改變，我打賭一定會讓看過舊建物的人大喊：「真不敢相信！」

正面迎來的是日本百岳名山卷機山，標高兩千公尺左右的山峰連綿不絕地排開，而且一眼望去，完全看不到住戶、道路、電線等人工物。

由於浴室棟移設在靠近斜坡，位於平坦地的邊緣處，使這裡成為**日本屈指可數的絕景溫泉**。後來，經過電視旅遊節目以及電台、週刊雜誌的報導，這裡更屢屢獲選為「日本第一絕景」。尤其是看得見卷機山殘雪的五至六月上旬，以及冠雪的十一月下旬至十二月，景色之美更是難以言喻。

為讓顧客從房間就可以享受到這片景色，我們在每間客房靠山的一側皆附設了露天溫泉。因為我們不是想把大家「關在房間裡」的那種旅館。想像一下，連續住宿的客人在客房工作，遇到瓶頸時，馬上就能脫下衣服走進浴池泡溫泉；若想好好沉浸在書本世界中，也只要一手拿著書，走進浴池裡撲通地坐下來……還有什麼比這更享受的呢？

用一句話表達我們的想法就是「Redefine Luxury」

二〇一三年八月下旬，設施的名稱決定了。

「里山十帖」。

即指「在里山發生的十個故事」。我們把經營旅館前就辦過的種田、割稻等農業體驗加進來，還舉辦了雪鞋健走以及深山旅遊團等雪山體驗活動。「晴耕雨讀的世外桃源」這個構想，一開始就是為了充實體驗活動所設。

「打造一個實體性更強的媒體。」

這是我們的願景，也是任務。

當然，這裡的故事不只有活動。只要走出旅館外，放眼望去即是優美的里山景色[註]，晚上抬頭看天空，銀河歷歷在目，在這裡可以感受到的美好事物就如同天上的星星一樣多。

用一句話表達我們的想法就是「Redefine Luxury」，我們想重新定義奢華。

在被物質充滿的日本，我們已經有太多的寬敞客房、豪華食材、大螢幕電視和DVD放映機。

現在，我們要大家來體驗四季分明、各種故事在此展開、自然環境豐富的里山；能耐得住豪雪漆黑發亮的樑柱；能與傳統民家和諧共存的世界級知名的設計家具；能誘發創造力與創作欲的現代藝術品；能感受大自然強大生命力的食物……。見、聞、聽、感受、眺望、坐、休養、吃、喝、睡……。

我們認為，**體驗和發現才是真正的奢華。**

露天溫泉的工程來得及完成嗎？

正式開幕的時間決定在此地最美的時期，五月。在這之前，我們希望可以先嘗試

註：指村落、農田、小溪、山丘等自然物與農村人工物的混合地景。

營運。雖然也曾在二〇一二年冬天試營運，但那時旅館的設施幾乎都維持在舊的樣貌，而現在已經全部完工了，再加上我們也想知道冬天營運會不會發生什麼問題，所以決定提供少量的客房試營運。

試營運的開幕日訂在二〇一三年十月十九日，但就在一個月前九月十九日的一場會議中，業者卻告訴我們：

「露天溫泉的工程來不及完成。」

浴室棟計畫移設到看得見絕景的地方，但工程進度卻落後了。原因是那年的雨水特別多，使得露天溫泉工程再三延宕。因此，我們不得不做出延期開幕的決定。開幕日重新訂在十一月二日，即使如此，期程仍有些吃緊。縱然迎賓棟和客房棟已經完成，只要溫泉區沒有蓋好，我們就不可能接客。但時間不能再延下去了，十一月有連假，已經有不少客人預約了。

回想試營運前最後一個月，每天都過得膽戰心驚。我幾乎取消所有出差和採訪，每天從早上八點（有時從七點）和師傅討論進度、監工……。

十月三十日，露天溫泉終於完成。溫泉區第一次裝滿溫泉水，離開幕只剩三天，可說是用滑壘的方式安全上壘。

十一月二日，十二間客房中，我們限定一天只接受六間預約。就這樣，「里山十帖」的試營運正式展開。之所以限定六間，一方面是因為服務人員還不夠熟練，所有員工裡面，有旅館飯店工作經驗的只有一位。雖然開幕前，全體人員都已受過訓練，但幾乎所有人都是菜鳥，一口氣開放十二間，說不定會出現服務不周的狀況。

另一個考量的重大問題是，**找不到理想的廚師**。

關於這點，詳細留待後敘。總之，我們的目標並不是「日式旅館料理」，而是貫徹在地生產、在地消費的全新風格料理，把我腦中的想像轉換成語言的話，大概就是「自然派日本料理」吧。然而我一直找不到認同這個理念的廚師。

沒有廚師還是可以營業！

每當我對著台下的旅館經營者演講時，常會跟他們說：「設施或許無法立刻改變，但料理只要經營者想改變，明天就可以開始做。」這麼說，並不是要他們換廚師，而是鼓勵他們與廚師對話。我還進一步推銷，假如經營者不知道怎麼和廚房溝通，可以委託我們公司提供顧問諮詢服務，保證效果立現。

「里山十帖」沒有廚師，如果我在演講中說的理論無誤，那麼，「既然我都可以給別人信心了，我們也一定可以自己開發出新的菜單」。這正是證明實踐自我理念的好機會。

再加上，我們公司很多人喜歡做菜，甚至以前還輪流掌廚燒菜給大家吃。所以我們決定，試營運的時候，由我們自己做菜，這樣子也比較不用急著找廚師，可以慢慢等到認同我們做菜理念的廚師出現。

我們做的料理如下：

〔前菜～蔬菜凍佐蘿蔔綿柔慕斯、烤新潟和牛、佐渡產鮟鱇魚魚凍、甜醋涼拌菊花〕

〔早苗饗風味熱沾醬（Bagna Cauda）使用白味噌特製醬汁〕註

〔蘿蔔糕千層派〕

〔早苗饗特製　豪雪鍋〕

〔「自遊人的餐桌」特選季節特色小菜〕

〔南魚沼產越光米、味噌湯、醃漬物〕

〔酪梨聖代組合、綠茶戚風蛋糕〕

所謂的早苗饗是指插秧結束後，為祈求當年豐收及招待幫忙插秧的人們，所準備的饗宴，「里山十帖」的餐廳也是以此命名。在這個時節，我們的料理主題就是「冬季蔬菜與雪國的飲食文化」。雪國冬天的蔬菜只有一種，那就是根莖類。白蘿蔔、紅蘿蔔、蕪菁、芋頭，如何活用這些材料做出各種百吃不膩的料理，是我們最大的課題。

我們的白蘿蔔保存在豪雪地帶特有的「雪室」，使用這種白蘿蔔的料理有蘿蔔糕千層派、蔬菜凍、熱沾醬、味噌湯。同樣保存在雪室的紅蘿蔔則是出現在蔬菜凍與慕斯、熱沾醬、豪雪鍋、特色小菜等料理中。我們這份菜單幾乎把根莖類蔬菜發揮到淋漓盡致。

讓我來為各位介紹其中幾道頗受好評的料理。首先是「蔬菜凍佐蘿蔔綿柔慕斯」。這道菜是把雪室紅蘿蔔慕斯，搭配以根莖類蔬菜燉煮的蔬菜凍吃。蔬菜凍聽起來很簡

註：Bagna Cauda 是義大利的地方菜，意思是熱的醬料。吃的時候把醬料盛在可以加熱的容器裡溫熱著，用各種蔬菜和麵包沾著吃。

單，但用來燉煮的高湯，是使用了大量的蔬菜熬煮出來的，蔬菜數量多到任何人看到都會大吃一驚：「有必要用這麼多蔬菜嗎？」。而所謂的「紅蘿蔔慕斯」，去除了小孩最不喜歡的紅蘿蔔特有的臭青味，吃起來味道十分甘甜。這道菜每次都會被客人問：「你們真的沒有加砂糖嗎？」，這是使用高品質有機栽培蔬菜才有辦法做出來的味道。這道菜全靠蔬菜的味道撐大局，**表面上看起來沒什麼，其實成本相當高**。

「豪雪鍋」是我們想出來的一道鍋料理。在當地名酒「鶴齡」大吟釀的酒粕中，加入蕪菁、冬瓜、紅蘿蔔燉煮出這些根莖類的湯汁，再加入象徵白雪的各種素材，讓人可以享受到多種味覺的變化。首先，嘗一口加了酒粕的湯頭，再倒入雪白色的里芋濃湯，讓鍋面呈現一片銀色世界。接著把象徵冰霰的白蘿蔔泥加進去，最後再倒入炸得酥脆的米果，一幅繽紛的雪景就完成了。有些人不喜歡喝加了酒粕的湯汁，但我猜他們應是喝到品質不好的酒粕。使用品質良好的酒粕，湯汁的味道絕對是驚為天人，許多害怕酒粕味的客人都敢吃我們這道菜。這道菜和日本酒特別對味，所以也深受日本酒愛好者的支持。我們還把鶴齡的酒粕用在自創的起司蛋糕，當成迎賓點心。

最受歡迎的莫過於「蘿蔔糕千層派」。做法是把大量保存在雪室的白蘿蔔以柴魚高湯熬煮，再把它夾在用米穀粉與生蘿蔔泥煎成的蘿蔔糕中間。

這些料理獲得百分之九十五以上的顧客好評，意見調查表中得到的回應都是正面的：「我等這樣的料理出現很久了。」「相較之下，很多旅館的料理都太豪華，吃了會胖，而且我已經吃膩了。」「為什麼以前都沒有這種旅館？」

絕景露天風呂，現在已成為里山十帖的代名詞。可眺望遠方的卷機山。

Step 3

成功在望

大年初一，盼望已久的人終於出現

二〇一四年一月一日，是「里山十帖」試營運後迎接的第一個新年。晚上，在搗麻糬活動結束後，發生了一件有趣的邂逅。接近深夜十二點，有一名男性獨自坐在柴火爐前讀書。我正在進行館內的最後檢查時，被他叫住。

「不好意思，可以耽誤你一點時間嗎？」

「沒問題，有什麼事呢？」

「我在雜誌上看到你們要招募廚師，請問現在還在徵人嗎？」

「是的，怎麼了嗎？」

「我在金澤開了一間餐廳，對這個職缺有點興趣，今天特地帶家人來玩，順便視察。吃過你們的菜之後，我感覺這裡似乎可以盡情發揮我想做的料理。我希望讓蔬菜料理更受到世人的重視，一直在尋找能盡情發揮的舞台。請問，我可以來應徵嗎？」

「歡迎，當然可以啊。對了，請問你開的是什麼樣的餐廳？」

我們在柴火爐前聊了三十分鐘。

後來，等我找到空檔去拜訪他的餐廳時，已經是一月二十三日的事了。他的餐廳位於金澤的市中心，佇立在一條餐廳林立的街道。當我看到這間餐廳的外觀，穿過門簾走進去時，心裡大概就有個底了。這間餐廳給我的感覺是：「賓果，就是他了！」實際上，走進裡面，可以看到精緻的裝潢搭配許多很棒的生活器具，四周陳列了琳瑯滿目的器皿和收藏品。我坐在吧檯，一邊和他聊天，一邊享用餐點。他端出來的料理一點都不華麗，也不標新立異，而是靠精湛的技術取勝。每一道菜都非常好吃，令人再三回味，就如同他給人的感覺一樣，沉穩大方。

我一邊吃料理，一邊「採訪」他，比起料理，我對他奇特的資歷更感興趣。他說自己畢業於國際基督教大學，但畢業後跑到了關西，去京都的米其林三星級料亭「吉泉」應徵。

「為什麼選京都的吉泉呢？」我問。

吉泉是京都的名門，技術實力非常堅強，正因如此，在那裡學功夫勢必得吃很多苦頭。

「說到做菜，我腦中第一個想到的就是京都。既然要做，那就應該去全京都名聲最響亮的料亭學功夫。」

我心想：「這傢伙真有意思！」老實說，我當時在內心忍不住大笑：「這傢伙太有個性！太棒了！」他在吉泉磨了五年，剛好遇到京都頗有名氣的創意日式料理（くずし割烹）「枝魯枝魯」要在金澤開分店，邀請他過去擔任料理長。於是他終於一了心願，在故鄉金澤開了間屬於自己的餐廳。

我在吧檯不只問了他一次：

「你有家庭，還有小孩，真的要把這間餐廳關掉嗎？」

他這麼說：

「沒問題的。我想站在新的舞台上，所以請務必讓我在「里山十帖」做做看，其餘的事我會跟家人商量的。」

之後我們又有過幾次聯繫，就這樣，這名男子正式成為「里山十帖」的廚師。

就職日，四月三日。

北崎裕，四十一歲。

為什麼不能跳脫日式旅館料理的框架？

「里山十帖」沒有「料理長」這個職位，取而代之的頭銜是「主廚．食物創意總監」，意思是不僅要會做菜，還必須是個有創意的人。

這個職稱在許多餐飲界工作者看來，可能會覺得：「本來就須具備這些條件，有必要刻意冠上這種職稱嗎？」我覺得當然要，而且很重要，尤其在這個日式旅館料理印象已被定型的業界中。

首先，我們要先思考**為什麼日式旅館需要提供旅館料理，和別人不一樣呢？**

日式旅館是設備產業，同時也是勞力密集產業，只要以這個前提站在經營者的立場思考，答案就很明顯了。現實狀況，**所有支出中，能夠保持彈性的只有廚房的人事費與餐飲成本**。再者，旅館不僅要提供晚餐，還要提供早餐。旅館人員要早上六點起來準備早餐，直到晚上十點收拾完晚餐才結束一天的工作。**這種長時間的工作已經算是重度勞動，非常辛苦，但若使用輪班制，人事費用又會大增**。

日式旅館料理還有一個特色，就是「一次要應付大量的客人」。所以日式旅館料理最典型的菜單就是，幾盤半成品或成品的前菜、放到乾巴巴的生魚片，不然就是茶碗蒸之類的蒸物、用固體燃料加熱的陶板烤牛肉、小火鍋等等，這些料理背後考量的因素都是為了「減少廚房人手」、「縮短勞動時間」、「一口氣上菜」。

比如說，茶碗蒸可以放在蒸籠保溫、生魚片可以預先排好放進冰箱、牛肉可以先切好放在陶板上、其他可放常溫的東西就擺在廚房桌上。剩下的工作，只要把食材裹上麵衣丟進炸鍋就大功告成了，反正不是什麼東京的天婦羅名店，所以請時薪員工也做得出來。

不過最近，越來越多日式旅館經營者費盡心思想要讓「日式旅館料理脫胎換骨」，所以確實有慢慢看到改變。但很遺憾的，現實的成本考量讓他們無法脫離傳統的思考模式，導致他們「知道這麼做不好，卻沒辦法改變」。

蒞臨「里山十帖」的客人經常問：

「你們的廚師是從哪找來？怎麼找的？」

很少有廚師願意進日式旅館工作，更別提要找一位技術高超的廚師。大部分拒絕的理由都很簡單：

「我沒辦法同時做早餐和晚餐。」

「想要一次上菜的話，非得做『日式旅館料理』或『宴會料理』不可。」

「我不想再做日式旅館料理了，太痛苦。」

其實，我想做的不是「日式旅館料理」，而是講究自產自銷、一種全新的料理風格，我把它稱為「自然派日本料理」。怎麼做才可以提供兩餐，又能夠「跳脫日式旅館料理」的風格呢？我們在試營運的時候，從實際經營以及製作料理的過程中，得出一個結論：

「早餐和晚餐的員工必須切割開來，讓做晚餐的員工專心做晚餐。」

「雖然我們只有十二間客房，但若想提供令人滿意的餐點，一定要採用輪班制。」

北崎最後決定加入「里山十帖」，我想也是因為我明確地提出這個方針的緣故。而且，他在試營運時吃過「里山十帖」的晚餐和早餐，一定對我們家「跳脫茶碗蒸及固態燃料」的料理型態感到印象深刻。

從頭到尾都是山菜的套餐

北崎以主廚．食物創意總監的身分加入我們時，大約是正式開幕前的一個半月左右。即使來不及讓所有菜色都充滿北崎風格，我們仍把如何凸顯他個人特色當成最大的課題。

正式開幕時間是五月十七日。連綿山峰的殘雪還熠熠發亮，里山處處新綠，到處都看得到山菜冒出新芽。五月中旬是「里山十帖」周邊最美、最能感受生命躍動的季節。

山菜，可以說是里山大自然豐饒程度的最佳指標。近年來，西日本不斷傳出里山遭到鹿、山豬、白鼻心等獸害，造成作物損毀。不過，幸好我們位於雪國新潟，這裡的自然環境非常嚴酷，不適合四肢細長的日本鹿或噸位龐大的山豬棲息，所以可以充分感受到大自然的富足，採集到多采多姿的山菜。

對於半年都被大雪封閉的雪國來說，山菜是極為貴重的食材和資源。由於當地的人非常珍視，所以這項資源才能保存至今。不用走進深山，光是我們旅館土地內就可以看到許多山菜冒出新芽。雖然備料很費工夫，但天然山菜的味道就是不一樣。

我告訴北崎，希望套餐從頭到尾都要由山菜構成。

北崎很勤快地每天到山裡採集，一道接一道完成各式新料理。有道菜便使用了莢果蕨，莢果蕨一般是把前端捲成一球的新芽摘來吃，但北崎發現，新芽舒展開來的嫩葉，吃起來居然是鬆軟的口感。

「如何，吃起來怎麼樣？」

莢果蕨的別名是草蘇鐵，屬於蕨類的一種。擺在我眼前的看起來就是蕨類的葉子，一點也不像我們平常吃的莢果蕨。

「我只摘下莢果蕨新芽最尖端的部分，用它來做沙拉，口感是鬆軟的，我覺得很有意思。」

我想這世界上沒有人會去吃葉子舒展開來的莢果蕨。這時，另一位廚房夥伴發言了。她曾在印度學習傳統醫學阿育吠陀，也是一個有奇妙資歷的人。

「把它跟黃豆奶油混在一起，也許可以再增加它的鬆軟度，我覺得應該不錯。」

於是這道使用了莢果蕨的沙拉「軟綿綿」就這樣完成了。

有天，北崎又說：

「做山菜料理時，通常會把水芹的根或各種山菜的皮丟掉對吧？我覺得有點可惜。」

他說的沒錯，尤其水芹根含有藥效成分，我也覺得丟掉很可惜。隔天，他就在廚房用山菜做出類似青醬的食物。

「試一試味道。」

我立刻吃了一口，味道非常濃郁，感覺裡面充滿了大自然的恩惠。我靈光一閃：

「把它當成義大利麵的醬汁你覺得如何？啊，對了，乾脆不要用義大利麵，用來當片木蕎麥麵的沾醬怎麼樣？」

片木蕎麥麵是當地名產。「片木」（是盛裝蕎麥麵的器具），若單指麵體本身，又稱作「鹿角菜蕎麥麵」，因為這裡的蕎麥麵是用鹿角菜增加它的黏著力。在重要的婚喪喜慶場合都會吃到它，使用了鹿角菜便不會失去彈性，是它的特色之一。

「馬上來試看看吧！」

十五分鐘後，拌著山菜醬的片木蕎麥麵便完成了。

其他還有「雪椿雪酪」、「佐渡產鮮魚與山椒葉的醬油醃漬」等，北崎的發想與技術、該名女性員工與我的點子三者結合後，再加上魚沼大自然的豐饒物產，使我們激盪出各式創意料理。

旅館的旺季一年不到一百天

五月十七日，「里山十帖」終於盛大開幕了。

最後，總工程費超過三億五千萬日圓，以設定的一泊二食單價回推，年平均住房率要達到百分之六十以上才行。這數字，假如是伊豆、箱根等著名溫泉地還有可能，但在新潟大澤山溫泉區，這被認為是「不可能」實現的。

在去年十月試營運期間，其實工程就已經幾乎完成，只剩下付款給業者而已。但就在那時，答應「支持」我們的銀行卻丟來一個令人難以置信的通知。

「你們的事業計畫書，怎麼算都不可能實現。無論拿新潟縣任何一家旅館的住房率、客單價來套用，都是不可能。你雖然說過一定可以回收，但現在預算卻比當初預估的膨脹這麼多。原本風險就很高了，還超過預算。根據電腦計算，即使我們照預定全額貸款給你們，想必開業不用三個月，你們就會面臨資金短缺的問題。也就是說，你們會跳票。既然我們知道這點，就不可能貸款給你們。之前貸給你們的金額，假如一塊錢也無法回收，我們只好自認倒楣。但竣工結算的資金絕對不可以借給你們，因為你們會倒閉，倒閉之後這筆錢就找不到人討。所以，我們接下來就直接具體來談，你們打算怎麼整頓自己的公司吧。」

工程款若沒辦法結清，我們就無法開業。除了窮途末路，我實在找不出詞來形容這次面對的危機。眼看付款期限逼近，手頭卻連一塊錢的資金都沒有。一旦跳票，一切都結束了。我懇求業者延長支付期限，同時賣出我個人所有的資產，當然也找遍親朋好友借錢。最後，大概在四月底，我總算把所有工程款付清，趕上開幕的時間。

資金的問題總算解決了，但正式開幕後的前幾個月才是最大挑戰。當然，我相信「一定可以達成預設的住房率目標」，但「套用新潟縣任何一家旅館的住房率、客單價，都不可能實現」、「三個月以內一定會倒閉」這些話實在太沉重，讓我連續失眠了好幾天。

根據二〇一四年的資料，全國的旅館飯店住房率為百分之六十六點三（根據觀光廳·住宿旅行的調查統計，調查對象限從業人員十人以上的設施）。但若剔除掉城市飯店，僅看日式旅館的話，將只剩百分之五十點三，顯示城市飯店和觀光地區的溫泉旅館，兩者的住房率有很大的落差。

一個禮拜中，城市飯店從星期一到星期五都有住宿的需求，至於星期六日，則有結婚典禮的需求，可以說三百六十五天，天天都是旺季。相較之下，日式旅館的旺季，一個禮拜中只有星期六這天而已。

大家印象中的休假就是「星期六日與例假日」，但對觀光地區的旅館而言，客人上門的時間大多是星期六或連假第一天。即使是例假日，若夾雜在平日中間，客人沒辦法請假的話，對旅館來說和淡季是一樣的意思。也就是說，**對旅館而言，一年之中的旺季**只有五十天的星期六、七天的年假、七天的黃金週、七月二十號到八月二十號這三十一天的暑假、秋季四到五天的銀色週，**加起來不到一百天。剩下的兩百五十天都是要靠自己想辦法的淡季。**

住房率百分之六十這個數字意味著，一年之中一百天的旺季要連續滿房，平日的兩百五十天住房率也必須達到五成以上。根據新潟的觀光統計資料，冬天的住房率還不錯，但扣除八月，從四月到十一月這七個月，幾乎沒有觀光客上門。而且「里山十帖」的事業計畫書中，滑雪客並不是目標顧客，住房率反而比較看好四月到十一月綠意盎然的季節。不僅如此，會在這個季節旅遊的大多是「銀髮退休族群」，就常識來說應該把目標顧客設定成他們，但我們的計畫書上設定的目標顧客卻是創意工作者或商場的第一線工作者。

就統計資料來看，銀行批評我們「太過魯莽」、「目標的設定沒有根據」、「不可能達成預估的住房率」，確實有其道理。

開幕當天晚上，我和員工們簡單地舉杯之後，走到擺滿花籃的大廳，抬頭看著用來通風的挑高空間，喃喃地說：

「這麼多粗壯堅固的樑啊……。」

臉上雖然露出笑容，內心卻很難保持平靜。

開幕初期平均住房率百分之三十，之後逐漸提升

通常旅館開幕之前，會先在訂房網站、電視、雜誌等大肆宣傳。而我們雖然只有

十二間房，也是需要相當程度的宣傳，畢竟新潟的大澤山溫泉區並不出名。但是，以上的宣傳我們一項也沒做。

因為我們優先考量的不是針對不特定多數的宣傳，而是如何產生「共鳴圈」。

現在比電視雜誌更有影響力的，是Facebook、Instagram、twitter、部落格等各種社群媒體。

「只要讓對我們旅館有共鳴的客人來住一晚，資訊就會自動擴散出去。」

「為了避免旅館的概念和客人的感受無共鳴，一定要先找『會喜歡我們』的客人來住才行。」

針對不特定多數的宣傳或許一開始會衝高住房率，但來訪的客人可能會和旅館提供的概念搭不上線。畢竟是要價三萬日圓的一泊二食體驗，我們都希望客人是帶著滿意的笑容回去，然後多多替我們宣傳。

我們雖然擁有《自遊人》這個雜誌媒體，但我們知道不可能光靠雜誌就達到滿房的目標。我們的想法是，請雜誌的讀者來這裡住一晚，然後透過他們，把訊息擴散出去。

正式開幕的時候，住房率相當不樂觀。星期六雖然滿房，但平日幾乎沒有人預約，住房率大概只有百分之三十。

「平均住房率只有百分之六十，難道真的太勉強了嗎？」我的焦慮與日俱增，絕望感支配著我的情緒。但另一方面，我也慢慢看到一些樂觀的徵兆。

那就是客人的反應。

「我一直在等這種旅館出現。」

「真的就像待在自己家，不，比自己家更令我放鬆。」

「我第一次吃旅館的料理吃到會感動。」

「好驚訝，從來沒住過這樣的旅館。當然是超級滿意！」……

很多客人回去之後會把這個體驗寫在部落格，或用 Facebook、Instagram 傳送訊息，我感覺到**「共鳴圈」正一點一滴確實地擴大**。許多客人回去的時候，會順便預約下次住宿的時間，這個舉動替我帶來許多鼓勵以及希望。

六月下旬，多家雜誌、電視、電台紛紛提到我們，並不是因為我們被逼急了，臨時投入廣告宣傳，而是實際來旅館住過的雜誌總編輯、旅遊作家、散文家、料理研究家等主動向大家推薦：「那裡真是個好地方！」

採訪別人，我們很習慣，但被別人採訪，還真不習慣。不過，被採訪之後才發現，原來接受電視和雜誌採訪是這麼快樂的事情。看到別人在部落格介紹我們的旅館時，更感到開心。我每天就是靠著這些支持者的聲音，鼓起勇氣走下去。

我確實感受到「共鳴圈」正在擴大，是在六月下旬的時候。預約件數不斷增加，越來越常一天接到十二件以上的預約。換句話說，以預約天數為計算基礎的話，我們的住房率已經超過百分之百了。

預約天數的住房率是實際住房率的先行指標。事實上，從開幕到八月這三個月的期間，「里山十帖」的住房率已達到百分之九十二。

讓「里山十帖」成為比雜誌更強而有力的「共鳴媒體」

雖說如此，我們還是不可能滿足所有客人。我們蓋這間旅館是為了提供一種「實體」的雜誌，換言之，是提供一個體驗的場所。

一般的旅館並沒有「限定客人」的想法，雖然他們有大致的目標顧客，但觀念幾乎如出一轍，都是要「滿足所有客人」。有不少旅館認為，唯有實現客人所有的要求，才稱得上是最好的「款待」。

原本客層設定就很廣了，還要滿足不同客層的要求，最後只能把自己變成變形蟲，這就是日本旅館的特色。這樣的特色，卻被認為是所謂的「極致款待」。但「款待」原本的意思，應該是和茶道的主客同一想法相似，看看茶屋的亭主怎麼接待客人就知道了。簡單來說，**亭主或說旅館，應該要更明確地表示，我希望什麼樣的客人光臨**。

就這點來講，雜誌的客層鎖定範圍更狹窄。某類型的雜誌有人會覺得：「好棒！」也會有人覺得：「好在哪裡？」只要顧客對於該雜誌有共鳴，雜誌就能「傳遞」各種訊息。這就是為什麼大家說雜誌是目標性很強的媒體。

我們希望「里山十帖」可以比雜誌帶來更強的共鳴感，成為一種「共鳴媒體」。不只是紙本，而是透過真實的體驗，「傳遞」更真實、強大的感受。

但是，這個方法也有風險，只要不小心走錯一步，很可能會演變成客訴風暴。就像某雜誌的目標顧客以外的人拿到該雜誌時會說「真無聊」一樣，我們最擔心的是，我們的目標顧客，來旅館住宿之後，卻失望地說：「也不怎麼樣嘛！」

我們在服務方面，受到最多人詬病的地方是：「為什麼毛巾不是無限取用？」「毛巾無限取用」服務最早是從高級旅館開始的，現在連大部分的溫泉旅館也都把毛巾放在浴場中，供客人隨意使用。

但從環境保護的觀點，對於講究無農藥種稻的我們來說，「毛巾無限取用」是我們最不想納入的服務。大家住溫泉旅館的時候，是不是都會去泡好幾次溫泉？我個人的話，會去泡四到五次，這樣算來就要耗費擦臉毛巾和大浴巾各五條，因此也必須消耗不少的洗衣劑。

我們絕非為了節省成本，才不納入「毛巾無限取用」的服務。

相反的，我們在每間客房都設置了電熱毛巾架（towel warmer），供客人烘乾濕毛巾。而且，這些有機棉毛巾，客人都可以帶回去，當成旅行的紀念。各位讀者家裡是不是也有許多印著旅館名稱的毛巾呢？

至於其他的批評，則幾乎都是我們在結構上無法改變的地方。「里山十帖」是由老舊旅館改建，所以沒有電梯，各個地方也有高低落差，這些我們在網路上都有明確記載，但部分客人則持不同意見：「現在的建物改建加入無障礙空間是常識好嗎？與其擺放昂貴家具，不如優先考慮體貼年長者的設施。」這位客人說得不錯，在「旅館屬於公共設施」的前提觀念下，的確應該設置無障礙空間。但是「里山十帖」屬於「體驗設施」，老實說，「里山十帖」並非對年長者或身障者友善的空間，這點還請多多包涵。

從「修行僧料理」變成豐盛的夏季料理

關於料理，我們也收到各種意見。其中，最令我們感到困擾的是「希望可以推出生魚片船」。他們認為：「雖然這裡是山上，但日本海就在旁邊，端出新鮮的生魚片應該不成問題吧？」這話說得沒錯，若利用「縣內的當日宅急便」，是可以把早上剛送進漁港的魚貨，做成晚餐提供給客人。我們旅館確實也使用海鮮做料理，春天到秋天會採買紅喉、鯛魚、平鮋等，冬天則會採買松葉蟹。

但是，「里山十帖」是以蔬菜料理為主。而且，地方上的宴會料理雖會端出大魚大肉，但也很少人提供生魚片船……。即使我這麼委婉地說明，對方通常仍會生氣地回應：「客人給你們建議，怎麼可以不當一回事？這間旅館根本就不是真心想款待客人！」

一般來說，我們提到旅館的「款待」，就會聯想到像傳統老旅館那樣，客人一外出，就趕緊進房間換茶壺、茶杯、毛巾，以及調整空調溫度等這類細心的服務吧。但現在是注重「隱私」的時代，越來越多客人不喜歡服務人員趁自己不在時進房間整理。

因此，比起別家旅館，我們更重視客人私人空間的舒適度，把重金花費在防音、空調、舒適的家具和讓人放鬆入眠的寢具上。傳統住宅的迎賓棟也花了不少錢，這一切都是因為，**我們認為最高級的「款待」就是提供客人「舒適的空間」**。

此外，我們還追求看不見的安全性與舒適性。比如說羽絨被。「里山十帖」使用的是法國製造的艾德雁鴨羽絨被，選用的最大理由就是羽毛的安全性。或許有讀者覺得驚訝：「羽毛也要考量安全性？」其實，棉被是我們肌膚每天長時間接觸的東西，當然裡面的羽毛也應該講究安全性。水鳥在什麼環境長大？羽毛是怎麼被加工的？這些因素都會影響到羽毛的品質。

還有，**我們也非常重視食品的安全性與食材的味道**。

「里山十帖」使用的蔬菜、米、調味料等食材，基本上都來自肯「露臉」的生產者。最近很流行賣「露臉」生產者的食材，但我們**不僅注重生產者的透明化，連味道也要經過我們的嚴格審核**。我們從各地收集各種安心食材，其中主要都是有機栽培或無農藥栽培的蔬菜。**我們會和生產者溝通交流，了解對方的性格與為人，用心做出對得起生產者的好料理**。我們所有的料理都不含添加物，自己熬煮昆布高湯、使用傳統製法的無添加調味料。如同「御馳走」註一詞的語源般，我們認為唯有提供這樣的料理，才稱得上真正的「款待」。

雖說如此，但客人的意見也沒錯，我們的料理確實太過質樸。他們覺得吃飯就是要快樂，希望可以嘗到更多的味道，如果都是一些山菜、蔬菜，很容易被認為是「修行僧的料理」。「里山十帖」春天的菜單中，十幾道菜幾乎全都是山菜，因此我們決定在夏天做這樣的變化：

〔本日前菜〕新潟夏季恩典綜合拼盤
〔日本海的恩典〕季節鮮魚生魚片
〔美味的濃縮精華〕烤茄子湯
〔就是愛吃肉〕自家製烤新潟和牛，附當季有機蔬菜生春捲
〔食材吃原味〕夏季蔬菜綜合炊
〔蔬菜的力量〕各式品種的醃茄子
〔這味道我們還蠻有自信的〕烤香魚片木蕎麥義大利麵
〔里山十帖的招牌菜〕杉木煙燻Q彈和豬

註：現代的意思是「豐盛的一餐」，原意是主人為了款待客人，驅馬四處蒐集食材。

〔其實這才是主食〕珍饈白飯
〔自家製手作甜點〕當季食材甜點盤

夏天的蔬菜很豐富，當然不能錯過，但我們也加進了淡水魚、海魚，至於肉的話，牛肉、豬肉也都放進去了。和原本的修行僧料理比起來，差異很大。自從變成這樣的夏季菜單之後，客人對料理的抱怨便明顯減少了。

我們的目標是，提供在東京、京都或鄉下都吃不到、只有這裡才有的「自然派日本料理」。我們每天不斷精進，只希望能提供既美味又愛護地球、對身體健康的好料理。

妥協是最大的敵人，重點在於速度

正式開幕後約一年，**我們預估住房率年平均大概可以超過百分之八十**。未來三個月的假日已經被預約額滿，閒散期的平日也都陸陸續續被填滿了。

能達到這樣的成果，最大的理由應該是，**「里山十帖」以一個「共鳴媒體」向特定人士傳達了我們的價值**。來我們旅館的客人有幾個特徵，第一，回頭客多；第二，只要再度上門，大多會選擇連續住宿，甚至有客人連續住三、五晚。正因為有這些客人的支持，旅館才能存活下去。

我們不但讓「開業不到三個月，資金就會面臨短缺」這個預言落空，更實現了「在新潟不可能達到的住房率」。

當然，現在還在償還貸款的階段，也無法保證目前的住房率能永遠持續下去。貸款還有十七年，中途失敗的風險不能說沒有。

我想一定有人覺得我們只是「僥倖」或「運氣好」而已。

或許我們運氣真的很好。畢竟在整修期間，面臨了好幾次難關，特別是資金方面，只要一個差錯就會墜落谷底。這種經驗，我個人絕對不想再經歷第二次，也不鼓吹大家學習這種做法。

但是，**人生一定會遇到逼著你必須一決勝負的局面，而且這種狀況常常是突如其來的**。機會亦是如此。不管是哪一種情況，一生中遭遇的次數絕對是屈指可數。

我認為想要獲勝，重點在於你有沒有絕不能讓步的堅持，妥協是最大的敵人。**無論戰況多麼惡劣，一定都可以找出致勝的戰術**。贏得勝利的關鍵就是速度。不要輕易受外在資訊迷惑，重要的是形成一種複合式的自我。

為此，你必須親身去「體驗、感受」，以冷靜的心情分析數據，找出所有的可能性。一開始，你要以俯瞰的角度做客觀的觀察，然後把各種「共鳴感受」一起拉進來。關於這點我會在下一章詳細說明，這是我在做雜誌特輯時最重視的方法。我在創辦《自遊人》之初，就是靠著這個思考方法不斷增加銷售量。

這次的整修也一樣，最大的難關就是銀行撤走融資，但我並沒有因此退縮，這是我活到現在為止，最感到驕傲的一件事。

老實說，第一年的成果好得出乎我意料。

我們成為了「優良設計百選」有史以來第一個獲獎的住宿設施，還獲得它的特別獎「造物設計獎」（中小企業廳長官獎）。除此之外，並獲得二〇一五年新加坡優良設計標誌獎（Singapore Good Design Mark, SG Mark）」的溝通設計類獎。

媒體方面，電視節目「しっとこ！」把我們列為全國絕景露天溫泉第一名；《週刊現代》「三十名旅遊達人推薦二〇一四年夏天日本第一著名旅館」中，獲選「最棒的溫泉」類別第一名等，深得各界好評。

在第二章，我將再從「設計思考」的觀點，分析「里山十帖」是如何成為一個「共鳴媒體」。

品嘗山菜、蔬菜的滋味，自然派日本料理與珍饈白飯。

第2章

何謂「設計思考」

顛覆常識、產生創新的全新思考法

里山十帖的入口大廳

Method 1

現實社會與統計資料的反覆驗證

我認為的「設計思考」

「里山十帖」是第一間入選「優良設計百選」的住宿設施，並獲得它的特別獎「造物設計獎」（中小企業廳長官獎），評審委員的評語如下：

「透過設計的創意手法為地方增加能見度。令人驚豔的不只是他們提供住宿與服務的巧思，也包括高品質的設計。把新潟南魚沼地區的『食』與『農』結合，創造出十種主題，提供的價值遠遠超越單純的『住宿』。地方的居民也能加入他們的組織運作，增添山村的活力，為地方創造工作機會，值得讚賞。」

從評語裡面提到「高品質的設計」、「令人驚豔」等用詞可知，**我們得獎的理由是「創意手法」**。這個部分才是「基本的戰略與邏輯」，也是設計思考最重要的部分。

所謂的設計，常被誤認為是設計圖上的圖案，以及最終產出的成品。但其實設計原本的意義，**是指解決問題或達成目標的過程與技巧**。

若用一句話形容我認為的「設計思考」，大概就是「**採用與過去迴然不同的思考方法，打破現狀的封閉感**」。突破現狀、與過去迴然不同的思考法，這就是設計。簡單來說就是「從根本重新思考，找出解決問題的方法」

既然要從「根本」重新思考，就一定要找對起點。若只是重回原點思考，又會重蹈覆轍，無法脫離舊有的思考方法。

我在思考何謂「設計思考」時發現，**最好的起點應該是「不要看統計資料」**。包括各種白皮書以及市場行銷的統計數字。

那該怎麼做才好呢？

應該先從**自身的體驗**開始，去體驗你想了解的對象。

打算搬到某地區之前，就先不斷造訪其他的地區。想討論開一間住宿設施之前，先去住自己覺得有興趣的設施。**但有一點要注意，就是不要照著自己的感覺和興趣走，**

重點在於能否用俯瞰自己的角度去體驗。

盡量讓自己心中存在各種價值觀，用多重人格的狀態去進行體驗。然後在自己心中反覆檢驗，哪些類型的人會對這些事情產生「共鳴」。

做完這些之後，再來看統計資料。

為什麼？因為**這些資料在進行統計的時候，就已經介入了某個人的價值觀**。即使那個人本身沒有刻意操作的企圖，但在設定問題的用字遣詞中，還是會透露出他的價值觀。白皮書和市場行銷調查報告這些就更不用說了，必定包含強烈的個人價值觀。因此，大家在讀資料之前，一定要先用自己的複眼或者說多重人格去體驗研究的對象。在**驗證資料的時候，務必要意識到這份資料是根據什麼樣的觀點被製作出來的**。

說得更極端些，或許連這些資料都不需要。你可以大致瀏覽一遍，就當是掌握大局，但不需要細讀那些被恣意、刻意編輯出來的情報。最重要的是你的品味，換句話說，你要磨練你的五感。另外，訓練自己用多種人格觀察分析。

在我們公司，把這樣的過程稱為**「現實社會與統計資料的反覆驗證」**。所以，我們在檢視現場時，常會出現「你有用多重人格看過嗎」、「你根據哪種人格做這個判斷」等字眼，不知情的人聽到，說不定還以為我們是一群「危險分子」呢。

一個人可以帶入幾種人格？

我身為總編輯，在決定雜誌特輯的主題時，完全不事先做調查。我不會去書店，也不會查網路。老實說，特輯的標題我也不會去想。但我知道壽司特輯和天婦羅特輯相比，壽司特輯會賣得比較好；吃到飽特輯和蔬菜特輯相比，吃到飽特輯一定是壓倒性地銷量高。這些事情我不用特別去調查，只要根據我過去的經驗就可以得知。

因此，若你的目的是：「我想增加銷售量！」那就做「壽司特輯」。如果你的目的是：「銷售量不重要，我想吸引特定客層。」那就選「蔬菜特輯」。

事實上，接下來的工作才是重點。

一般的程序是，決定做壽司特輯之後，編輯部就會開始查資料。他們可能會瀏覽網路、買大量相關的書或雜誌，從裡面的情報決定一定程度的企劃與採訪對象。

但我們的做法和別人不同。

我們不做任何調查，而是先隨便找一家壽司店進去吃。一邊吃壽司，一邊觀察周圍的人，接著在內心揣摩多種人格，思考：「現在的消費者喜歡吃什麼樣的壽司？」思考完之後，如果目的是增加銷售量，那就套用所有人格在自己身上，不斷檢驗，找出最大公約數的喜好。如果目的是為了吸引某個客層，那就套用該客層的人格在自己身上，找出他們的喜好。

這項作業反覆思考的次數越多，精準度就越高。

自己的感官感覺以及直覺非常重要。在現場，當你感覺「某件事吸引你」，你就要去想「為什麼有這種感覺」、「在場的其他客人為什麼會做這些舉動」，徹底進行檢驗與考察。

Method 1「想像複數的人格」

製作「壽司特輯」的時候

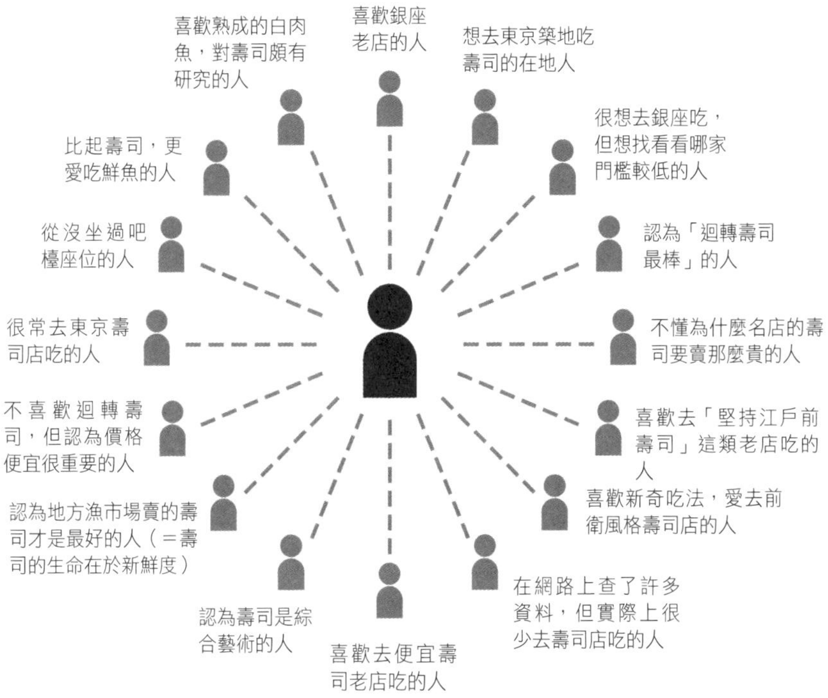

Method 2 共鳴整合

找出「共鳴點」

讓多種人格同時在腦海浮現，進行「現實社會與統計資料的反覆驗證」後，接著我們要統合浮現在腦中的大量情報。從自己創造的複數人物中，選出「必要」的人物，讓他們的價值觀同時在腦內碰撞，最後找出共通的價值，也就是「共鳴點」。

「共鳴點」有時候是特定族群之間的流行，有時候是社會風潮。你若從中發現一股很大的潮流，請想想看它和你的公司之間有什麼關係？你要怎麼做才能打動潛在族群的心？怎麼做才能擴大這個共鳴圈？接下來，把腦中所有價值觀合而為一，也就是把複數人格合而為一，反覆進行檢驗。

我稱這項程序為「共鳴整合」。簡單來說，就是把多重人格者變回只有一個價值觀的人。這裡所謂「一個人」並不是指自己，而是與你的目標方向相同、複數族群的

「意識共同體」，也可稱為**「共鳴的集合體」**。若能走到這一步，你就能看見一條在地底下流動已久、至今從未被發現的巨大水脈。

你會看見一張既無法言喻也無法寫成文字，只能用意識辨識的共鳴網絡。除此之外，你過去從不認為有關聯的複數事件，它們的連接點將會突然出現在你眼前。到了這個地步，接下來，就只要照你眼前看到的規則前進即可。

以雜誌工作來說，這個程序就叫「編輯」。**為了吸引特定客層，思考如何用最小勞力，產出最大效果**。在有限篇幅中，要刊登什麼？採用什麼？不採用什麼？

這時候有一個你必須嚴格遵守的規則，就是**不可使用複數的人格進行編輯作業**。反覆檢驗時需要複數的人格幫忙，但「編輯」時就只能限定一種人格進行。以雜誌來說，總編輯在這個部分擁有絕對的權力。這很重要，因為必須在有限的版面上呈現最大的效果，不能有絲毫「模糊」的空間。而且這個人格不能是總編輯自身的，以我們來說，製作《自遊人》雜誌時，總編輯也一定要用「自遊人」的人格下去做才行。

「岩佐先生私底下給人的感覺，一定和『自遊人』一樣。」

我常被人這麼說，但其實這個說法不完全對。我覺得我比較像是長期飾演阿寅的渥美清[註]。

反覆驗證，提高精準度

在第三章，我會以「里山十帖」為例，詳細跟大家說明 Method 1 和 Method 2 的具體做法，現在先說明概論的部分。

「現實社會與統計資料的反覆驗證」要考慮的是，誰是會來住宿的客人？為了什麼目的？希望從這裡得到些什麼？什麼樣的客人會去離首都圈較近的箱根、伊豆？不同型態的日式旅館，客層有什麼不同？山梨和長野的日式旅館，又是哪些人去？若放眼全國的日式旅館呢？「俵屋旅館」或「玉之湯」、「二期俱樂部」等個性獨特的日式旅館，又都是誰會去？

我個人至今去泡湯的次數大約一千三百次，包含參觀在內曾住過的旅館約三千間左右。所以我可以一邊天馬行空地回想過往的經驗，一邊模擬各種客層的反應。

需要想像的不只是旅館本身，還包括餐廳、SPA、滑雪場等，**所有相關的場所與人物，我都要天馬行空地組合出各種可能。**

我自己是沒發現，但身旁的人都告訴我，當我進入這樣的想像世界時，會開始喃喃自語，時而嘴角上揚、時而皺緊眉頭。公司的員工跟我說：「拜託你不要在外面這麼做，會被當成可疑人物。」可是，像這樣不斷地反覆檢驗，正是一決勝負的關鍵，即使把所有空檔都用上也不夠，所以我連搭電車、走路、等人的時間也都不放過。

接著，從想像的人物中假設，哪些人會來新潟魚沼？使用這裡的哪些設施？具體來說，如果我引進著名的SPA來旅館開店，會吸引什麼樣的客層？或者，若我以有機食材或吃到飽為主題，會吸引什麼樣的客層等。總之，先試著做出各種組合。

再來才是思考自家公司的方向性、目標與這些想像的嗜好有無結合的可能。例如，假設我提供的餐飲是以有機與排毒為主題，大概會是什麼樣的客人上門；關於住宿，若我想做的主題是「就像待在自己家一樣」，但某個類型的客人來住的話，可能會提出什麼樣的抱怨等等。**讓各式各樣的人物附在自己身上，內化為自己的感覺，產**

註：阿寅是《男人真命苦》的男主角車寅次郎，由渥美清飾演。該系列電影全長四十八部（一九六九年至一九九五年），男主角皆由渥美清飾演）。

生「共鳴」。

共鳴點＆共鳴的連鎖

「共鳴整合」，就是從不斷膨脹的組合中，鎖定最有可能的共鳴點。

我身為「里山十帖」的創意總監，要思考的東西很多，包括室內設計、家具、圖案、菜單、器皿、各種印刷物等，更重要的是，我必須想像應該吸引哪些客人到這裡，才能產生「共鳴的連鎖」。

於是，我從想像的幾種人格及其所屬社群，找出了幾項「共鳴點」：

「追求金錢價值無法取代、高質感生活風格的人」
「不受既定觀念束縛、勇於創造新價值觀的創意家」
「喜歡追求邂逅與刺激、想改變自己和社會的人」
「同時思考地球環境與自己生活之間關係的人」
「認真思考吃東西與生存關係的人」

傳統的市場行銷手法，常會用年齡性別等分層為切入點，但我從不這麼做。我會在心中自然形成社群的「意識共同體」，藉此決定設計風格、價格的大方向。

到了這個階段，我才會拿出統計資料瀏覽。然後我會根據統計資料推估的人數，修正我原本設想的目標客層人數，再重新估算預定的住宿價格以及住房率。

新潟魚沼這個地區，加上僅有十二間客房的容納量……我一邊看著箱根、伊豆旅館的容納量與住房率，一邊在心中暗自盤算，我鎖定的目標顧客會有多少人來「里山十帖」？我就是這樣自問自答地在心中計算出「里山十帖」的住房率。

簡直就像「電腦」大戰「人腦」的過程，這麼說可不是在講什麼冷笑話。

在第一章開業前的體驗記中，我曾提到：「我有自信可以達到百分之六十的住房率。」那份自信，就是從這裡來的。正因為我心中有這份根據，所以當別人認為我的想法「毫無根據」時，我還是能堅持下去。這就是設計思考最重要的部分。

「雖是沒有數值的根據，但邏輯是正確的，而且你感覺有可能實現。」

唯一的問題只在於，你要把它視為「毫無根據」，抑或「賭它有可能實現」。

以我的例子來說，我在擔任創意總監之前，原本就是「里山十帖」的所有者，可以「立刻下決定」。但這社會上大部分的事業，擁有裁決權的人和創意總監多是不同人。因此，有裁決權的人敢不敢「賭一把」，就成了設計思考成敗的關鍵。

Method 2「共鳴整合」

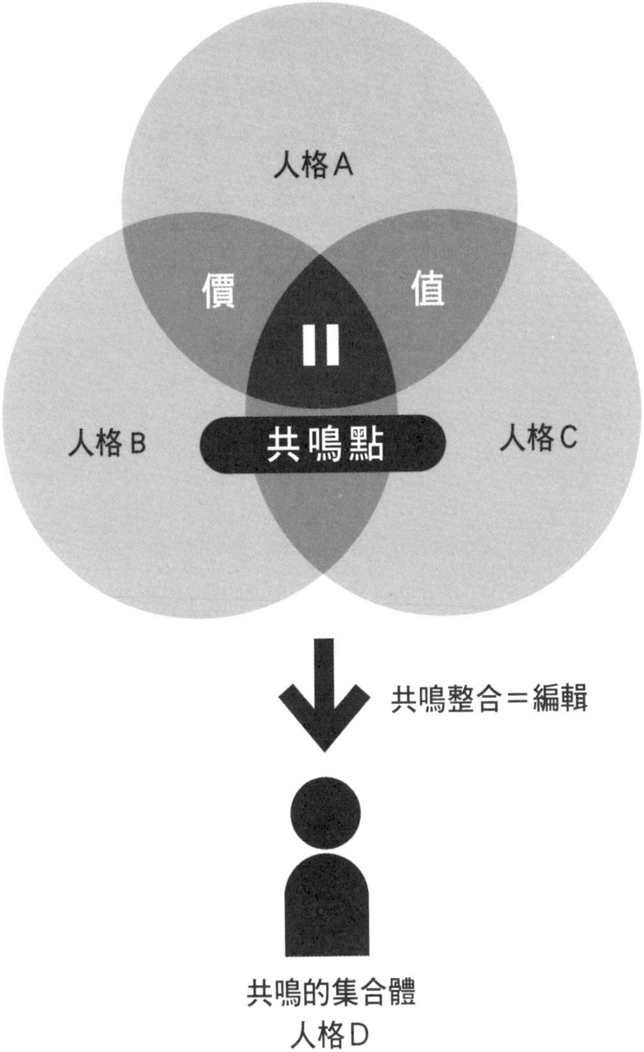

Method 3

思考的推翻&建立

整合之後，最重要的就是「速度」

設計思考，是將世間微妙的氛圍與現實狀況帶入自己內心的思考方法，因此一年後有一年後的結論，和三年之後的結論一定完全不同。

三思而後行，檢查再檢查……當你花費太多時間在這上頭，不知不覺間，原本的結論便不一定準確了。所以，當你有了結論，一定要趁直覺處於最敏銳的狀態時，飛快地檢查過一次，若決定做，就要立刻去做，否則答案很快就會改變。換言之，**結論會隨著時間軸前進而產生變化**。

我想大部分公司開會的方式都一樣，總是先決定好開會時間，等累積多次會議後，再得出結論。一般認為這種累積型的合議制制度，公平性既比較足夠，又能集合眾人智慧檢視風險。但實際的情況往往是，只有掌握發言權的「大人們」在互相交流意見，而且隨著時間軸前進，討論內容便會急速腐化。

一旦合議制中堆積出某種邏輯，想要歸零思考並不容易。**但設計思考確實常需要進行「重新歸零思考」、「打破之前建構的邏輯」這樣的程序。**從設計思考產生的「共鳴整合」，是一種透過「直覺腦」引導出來的獨立身分。**假如檢驗的數量太少，整合出來的共鳴或價值觀很可能是錯的，**其他的相關論點便必須跟著修正。

說到這裡，或許有人會覺得：「什麼嘛！原來你的方法不過是依賴直覺的『賭博』而已。」並非如此。因為你在親身體驗的過程中，必須不斷去檢視自己感官上的微妙變化，隨時調整誤差。

這個程序，我們稱之為「思考的推翻與建立」。

以「里山十帖」的誕生過程為例

即使是已整合的價值觀，隨著時間軸的進行，仍可能與原本想像出現落差，因此必須一一檢驗、調整。而這樣的調整勢必會影響到所有細部設計，包括室內設計、家具、圖案、菜單、器具、各種印刷物等，形式上一定會發生變化。比如說，客房中的物品原本是為了讓某客層感到舒適而設計，因此，即使目標客層只出現一點誤差，從桌子大小到床的位置、內裝顏色、家具等，都必須全部改變。

對身為創意總監的我來說，有時候放棄一張已經討論一陣子的設計圖是很「理所當然」的事，但對做出這份設計圖的相關人員來說，突然改變設計圖，必定要承受很大的壓力。而且**牽一髮動全身，一個地方改變，看似完全不相關的設計也得重新修正**。比如說，客房一改變，餐廳使用的器具也要改變。

就像下黑白棋一樣，原本白旗佔優勢的盤面也可能在瞬間翻黑。能否察覺**風向改變的剎那**，以及如何應對，就成了最重要的能力。

在我們公司，尤其重視這一項能力。

一些中途加入我們公司的人，感到最困擾的也是這一點。其實，不管是雜誌編輯、食品販售、旅館業都一樣，細部設計發生變化，而推翻之前累積的成果對我們來說是家常便飯。當自己負責的東西被推翻時，大部分的人都會有種人格被否定的感覺，但是我們認為，**破壞是邁向創造的第一步**。能靠自己親身體驗，感覺出「哪裡不一樣」的人，才有辦法創造新的價值觀。

「現實社會與統計資料的反覆檢驗」、「共鳴整合」，我想任何一間公司都有辦法做到這個地步，但當進入「思考的推翻與建立」這個階段，通常受挫感就會特別重，不然就是乾脆改變方向，盡量給每個人方便。

若把這個方法直接帶進傳統的累積型商品開發或會議，很可能會引發強烈的反彈，使內部員工陸續離職，造成一發不可收拾的混亂局面。

那該怎麼做才好呢？

我個人認為，最好的做法就是**加強設計者或創意總監的權限**。一般來說，設計或製造的工作會被排除在企業經營活動的主流之外，被當成是「附加價值」的一部分。所以，現在很多企業都把設計等與生產製作相關的部門裁撤掉，改成外包。

雖然設計者或創意總監屬於專才性質的工作，但最好也要具備通才的能力。不管是公司內部或外部，只要擁有幾名這類的人才，就能產生一股「打破封閉感的力量」。常有人對我們說：「自遊人的組織力真強。」原因就在這裡。

絕不妥協，全力以赴

「思考的推翻與建立」可以來回重複很多次，但進入實際作業後，就只剩下一個課題——「絕不妥協，全力以赴」。

老實說，到了這個階段，所有和計畫相關的成員都必須承受相當大的壓力和疲憊。要顧慮到所有細節真的很累人，煩躁起來的時候甚至會想把工作全部丟給別人。

但是，**「靈魂藏在細節裡」**。人們的評價幾乎都是來自直覺，**這樣的直覺，往往出乎意料地準確**。

「說不上來，就是覺得很舒服。」

「說不上來，就是覺得很好用。」

使用者可以有「說不上來」的感覺，但創作者可不能用「說不上來」的態度做事。**創作者必須考慮到所有細節，經過縝密的計算，才能把這種「說不上來」的感覺傳達給使用者**。

以前，《自遊人》雜誌在各大出版社的包圍之下，還能突破萬難創下亮眼的銷售成績時，很多人問我：

「你們的特輯和其他雜誌差不多，刊登的店家幾乎都一樣，排版與其他雜誌也沒太大的差異，連價格都相同，為什麼《自遊人》就是賣得比較好？」

我印象中是這麼回答的：

「那你覺得為什麼《自遊人》賣得比較好？」

「書店平台擺放的位置很顯眼，冊數又多。」

「原來如此。那麼，你有問過身邊讀過《自遊人》的人，我們的雜誌哪裡好嗎？」

「我身邊還蠻多《自遊人》的粉絲，大家的反應都是：『說不上來，就是很喜歡。』」

「答案就是這個，我們家的雜誌就是『說不上來』的好。」

即使我們刊登的店家和其他雜誌一樣，但光是順序排列不同，就能帶給讀者不一樣的感受。在跨頁版面中，要把訴求力最強的店家放在哪裡？右上？左下？還是正中間？配置時是否有根據人的視覺動線，效果會差很多。照片的拍攝方式、廣告標語也是如此。這裡面充滿許多技巧與細節，不可一概而論。

這些都是在「現實社會與統計資料的反覆檢驗」與「共鳴整合」過程中可以學會的技巧，但想要將這些想法落實在雜誌版面上，還需要縝密的計算以及毫不妥協的精神（※現在我們的雜誌不再追求銷售量，比較希望能吸引特定對象，所以思考方式也稍微改變）。

雖然我是總編輯，但我不會在「現實社會與統計資料的反覆檢驗」與「共鳴整合」程序結束後，就把剩下的執行工作交給「第一線人員」，因為這樣子雜誌的銷售量絕對無法成長。那要怎麼樣才能提升銷售量呢？就是要親自去採訪、體驗、照相、寫稿，直到最後的校稿都要親力親為。

因此，我們公司標榜「現場主義」；因此，我們接收旅館後的幾個禮拜，我要穿上工作服化身為工作人員，在宴會廳內端菜；因此，我在「里山十帖」開幕後，試著當領班幫忙提行李、當接送巴士的司機。

一旦開始做，就絕不妥協，徹徹底底地做下去。學會理論和思考方法固然重要，但最重要還是實行的部分。

Method 1-3 的整理

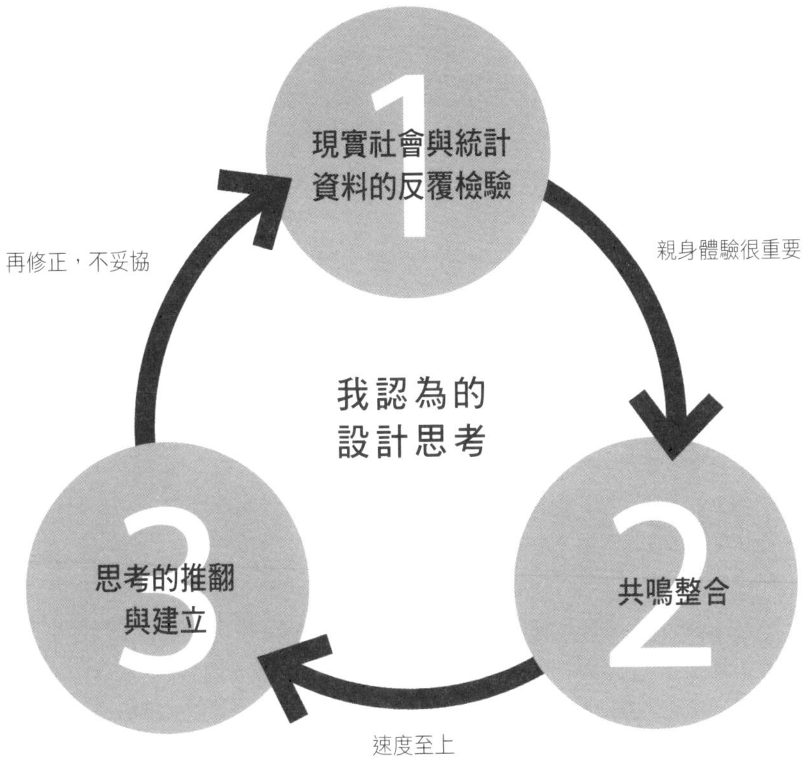

第3章

催生「設計思考」的十大成功法則

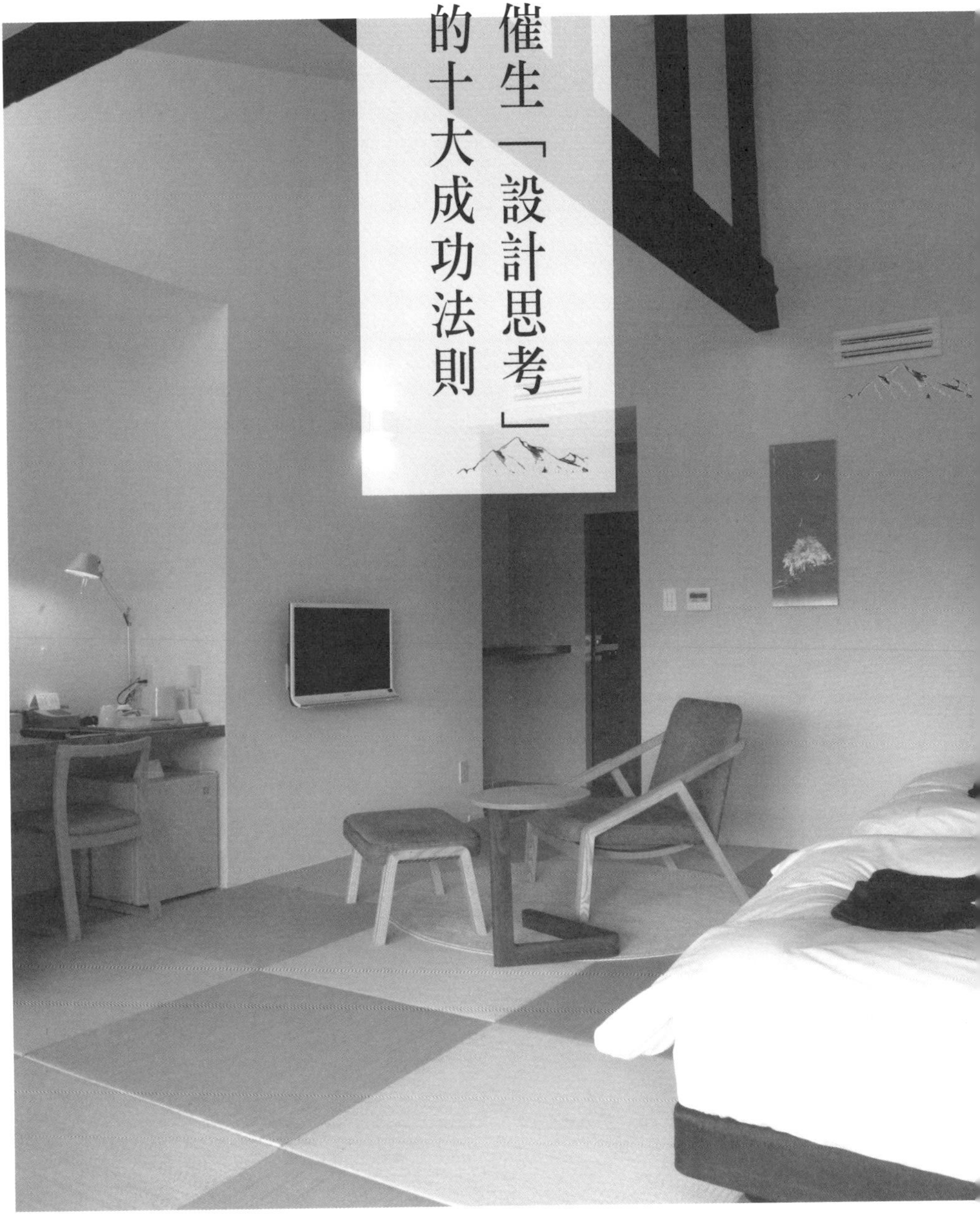

喜歡窩在房間打電腦的客人最喜歡這個房間 room 301

Point 1

精神價值共享，比物質價值共享更重要

重點不在硬體的訴求，而是軟體的提案

「『里山十帖』是什麼意思？」

我常被問到這個問題。十帖指的是十本「折子」，也就是十篇故事的意思。**「里山十帖」並非單純提供住宿的地方，還提供了十篇故事讓房客去「發現」和「體驗」**。

有人問，那你們跟其他旅館有什麼不同？

回顧日本住宿設施的起源，約可分三種類型。

第一種是純住宿型，起源於設有驛站的村鎮。從借屋簷給旅客躲雨乘涼、只有通鋪房間的小旅館，到專供達官貴人住宿的高級旅館等，形式有很多種，但功能都是提供旅客住宿休息。現在，這個模式多已由商務旅館或城市旅館繼承了。

第二種是溫泉療養型旅館。這類的旅館，少數是單獨一間佇立在深山中，其他多是以共同浴場為中心，形成溫泉鄉聚落。但不像現在這樣大型旅館櫛比鱗次，大多是四處散落的小型旅館。

第三種是花柳街型旅館。這種不只是江戶或京都等大都市才有，像是前往善光寺和伊勢神宮參拜途徑中，就有許多讓人齋戒完後開葷的旅店。日本各地不一定都有溫泉旅館，但花柳街型的旅館則是到處都有。

一般來說，現在的溫泉旅館大抵都是第二種的溫泉療養型，以及第三種的花柳街型。但這些旅館現在都面臨觀光客減少的困境。

為什麼現在觀光地區的溫泉療養型旅館和花柳型旅館，都出現經營困難呢？答案很簡單。

因為特地為了泡湯前往的客人，以及去溫泉地區尋花問柳的人，都在快速減少中。昭和時代，許多溫泉療養型旅館為了求生存，轉型成尋歡型、花柳街型的旅館，雖然因此暫時度過難關，但也因為當初設備投資過多，導致現在動彈不得，形成經營困難。

到了平成時代，人們旅行的動機已經轉變為一種自我投資，像是慶祝紀念日或犒賞自己。又或者什麼都不做，只想「純粹放空」、「獲得療癒」，為自己充電。其他例如「想要學習」、「想要獲得知識」、「想要變得更健康」、「想要獲得共鳴」等需求，也都屬於自我投資的一部分。

在以前團體旅遊盛行的時代，人們旅行的需求是「增進情感」。當然現在這樣的需求還是存在，所以「純住宿」型旅館仍有一定的需求，只是現代人增進情感的對象範圍正逐漸縮小，不是「親人」就是「朋友」，大量團體客絡繹不絕的狀況已越來越少見，使得純住宿型旅館掀起一股個性化的熱潮，但不妙的是，也因此造就出一大批以便宜為訴求的改裝型旅館，把旅館經營逼入絕境。

「只能靠降價求生存了。可是即使降價，旅館的經營仍不見好轉，又得不斷支付貸款利息，看來要等到我兒子、孫子那一代，才有可能償還本金了。」

本來，日式旅館就應該配合時代變化，提出新的提案，給旅行者煥然一新的感受，但幾乎沒有人這麼做，導致經營陷入困難。

在這樣的狀況下，還能維持溫泉觀光地區活力的，以關東來說大概就是箱根、伊豆了。為什麼箱根、伊豆可以脫穎而出？很大的原因是它們離東京近，占了地利之便，不過更重要的是，它們**比其他溫泉地區更積極地拓展需求**。

他們只要聽說其他地區有哪些受歡迎的設施或服務，就會在很短的時間內引進。計時湯屋流行的時候，沒多久大家便開始跟進；客房附露天溫泉流行的時候，他們立刻改裝設置；SPA流行起來的時候，他們立刻引進品牌SPA。客房的專用面積更是一間比一間大，競爭相當激烈，有些新設的客房面積甚至多達一百平方公尺、一百五十平方公尺……。

說到這裡，我想很多人都已察覺到問題所在。**旅行者的需求，絕對不是只有硬體面，還需要軟體面，但日式旅館的訴求點幾乎都在硬體層面。**這麼一來，除了占到地利之便的箱根、伊豆之外，其他地方想要回收資金並不容易。

旅館是「生活風格提案的媒體」

「里山十帖」的十個故事，主要並非靠硬體呈現，而是訴求心靈的軟體層面。十個故事分別是食、住、衣、農、環境、藝術、遊、癒、健康、聚會。我們希望住宿的客人從這十帖，也就是十個故事中挑一個細心品味體驗，讓生活從明天開始煥然一新，這是我們最大的目的。打個比方，與其說「里山十帖」是間旅館，不如說它是以主題樂園為發想的住宿設施。我們認為，藉由一泊二食這種長時間沉浸在同一個地方的過程，將讓客人比讀雜誌、上餐廳吃飯、去主題樂園玩，思考出更有深度的生活風格提案。

當然，短短住一、兩個晚上，不可能體驗所有的故事，我們也不希望勉強客人這麼做。

大家只要去體驗自己有感覺的部分就好。這絕非在測試客人的感性或什麼，每個人的體驗方式本來就不同。有些人覺得：「這裡的白飯好好吃！」也有人覺得：「我好想要這張椅子！」只要真實地感受到，哪怕只有一點也足夠了。

我認為對一個住宿者來說，在這裡住一個晚上，獲得一個體驗或發現，就已經達到旅行的目的。光是和別人分享、共同擁有某個感動，就能為明天的生活帶來更多活力不是嗎？

一般來說，飯店業被認為是「提供服務的工作」，不管是經營者、員工、客人都容易將目光集中在服務上面。大家會覺得：「飯店收那麼多錢，這些服務是理所當然的。」客人也認為：「我都付這麼多錢了，本該得到這些服務。」但這種想法就好像，你出去旅行只是為了雇用一個能幹的幫傭而已。

當然，若一間旅館能提供良好以及舒適的服務也不錯，但我們的旅館和別人不一樣，**我們把自己定位為「生活風格提案的媒體」，是用來創造新價值觀的「共鳴媒體」**。我覺得我們有必要向客人清楚傳達這個觀念。

「里山十帖」的標語是「Redefine Luxury」，重新定義奢華。我們對於奢華的提案，並非在於客房的坪數，也不是備品的品牌，更不是大螢幕的電視或DVD配備。**「體驗和發現，才是真正的奢華」**。這是「里山十帖」對於奢華的定義。

直接刺激右腦最有效

「里山十帖」的主菜是「珍饈白飯」，材料用的是最頂級的魚沼產越光米。為什麼主菜是白飯？因為我們希望客人可以親自感受一下日本農業的現狀。二〇〇四年，我們為了學習米的相關知識，把辦公室從東京日本橋遷到南魚沼。對我們來說，農業是我們最想「傳達」的主題，不過，我們總不能在客人吃飯的時候對著他們上課，而下田體驗或農業體驗的課程也沒辦法經常性舉辦。

我們公司在經營「里山十帖」之前，大約有十年的時間舉辦了非常多場的務農體驗課程。同時，我們還在雜誌、網路上強力宣傳如何種出好吃的稻米。我們根據這十年的經驗得出一個結論，若想營造最強烈的感受，最有效的方法就是實際請對方吃一次好吃的米飯。

先直接刺激他們的右腦，讓他們覺得：「好好吃！」再讓他們的左腦開始思考：「為什麼這裡的米吃起來這麼甘甜、香氣十足、Q彈有勁？」就可以加深一般人對米和農業的關心。

我們現在仍持續舉辦務農體驗課程，不過，單純的體驗課程，讓客人的反應多只停留在「腳踩土地的感覺好棒」、「我體驗了插秧」、「我體驗了收成」。

當然，第一次接觸能有這樣的感覺也很棒，但若希望客人「感受到農業的美好」，最好的方法就是先請他們吃真正美味的米飯。吃過美味的米飯之後，他們腦中就會開始思考：「為什麼這碗飯這麼好吃？是水質的問題嗎？還是土質的關係？或是肥料？」隔天，他們在旅館周邊散步，看到這片梯田時，便會開始思考農業的問題……。

我們希望客人也可以嘗試做「現實社會與統計資料的反覆檢驗」的第一步，亦即體驗和感受。當然，若他們肯開口問：「為什麼你們的白飯這麼好吃？」我們一定會很樂意說明。

「里山十帖」位於大澤，此處生產全魚沼最好吃的米。當地人這麼說：「魚沼要選南魚沼」、「南魚沼要選六日町、塩澤」、「六日町、塩澤要選魚野川左岸一帶的西山地區」、「西山地區要選大澤、君澤、樺野澤」，意思就是，最好吃的米就產在這裡。

西山指的是標高七百到一千公尺一帶低海拔地區的山腳，此處山脈由巨大的活斷層形成，土質為砂和黏土。由於就在斷層旁邊，所以水量豐富，終年有含微量礦物的水和土注入田地中。東西寬約兩百到五百公尺，南北長約二十公里。以紅酒產地來比喻的話，魚沼就是勃根地（Bourgogne），西山就是尼伊特聖若爾熱（Nuits-Saint-Georges），大澤、君澤、樺野澤就是羅曼尼康帝酒莊（Romanee Conti）。

換句話說，「里山十帖」周邊區域收成的越光米，是米界中的羅曼尼康帝。這就是它為什麼好吃，以及我們把它當成主菜的原因。

在「里山十帖」，我們會把這樣的米在客人面前用土鍋煮，並分兩次上桌，一次是剛煮熟，一次是燜過之後。

當然，如果客人沒問，我們也不會特意解說。但幾乎所有的客人都會驚呼：「我從沒吃過這麼甘甜的米飯！」「這飯好有光澤！」

常有人說「料理只要經過解說就會變得更好吃」、「說故事很重要」，但我認為真正好吃的東西，並不需要言語。特別是米飯，它的美味早已深深烙印在日本人的DNA中了。

里山才有的自然體驗

「里山十帖」的周圍如其名，都是里山景色。步行不到一分鐘遠的地方，就能看到一大片梯田，附近有溪流也有湧泉。去後山健行往返大約一個小時，也有適合慢跑或散步的林道。

「里山十帖」**準備了許多活動，可以讓大家充分享受里山的自然之樂**。例如，從春天到秋天都可以玩的登山單車（Mountain bike）行程，我們會先用車子接送客人到山上標高一千公尺的瞭望台，然後讓他們享受六百公尺下坡的樂趣。此時，日本百岳卷機山會出現在眼前，往下可以俯瞰雲海，每個景色都是不可言喻的美麗。晴天時，雲海出現的機率高達百分之七十以上。還曾經有客人因為這個美景感動到哭出來。騎下坡時，你會感覺像是要騎進雲海中。全日本各地著名的雲海景點很多，但只有「里山十帖」的登山單車行程，能讓你享受到跳進雲海的感覺。這個活動非常熱門，就連平時不習慣早起的人，玩一次後都還想再玩。

「里山十帖」的後山是一片廣大的山毛櫸森林，從登山單車的起點開始，一路上都可以看到綿延不絕的山毛櫸林，特別是新綠與紅葉交錯的時候最美。我們現在正在這片山毛櫸林中舉辦健行導覽。流過汗後再吃的早餐，不僅更加美味，也更健康。

其他從春天到秋天的活動還有泛舟，另外也會安排客人到谷川岳、八海山、越後駒岳等地健行。

到了冬天，這裡四周會被至少三公尺高的雪覆蓋。和其他全年營業的溫泉旅館相較，這裡的積雪量絕對是數一數二，能和我們爭高下的大概只剩八甲田的酸湯溫泉吧。雖然我們的積雪量已經多到可以和八甲田相比，但「里山十帖」的交通連結是更為便利的。搭新幹線的話，從東京到這裡只要一個半小時，開車來也只要兩個半小時。雖然必須裝雪胎雪鍊，但由於我們會完全除雪，所以冬天可以直接把車子開進來沒問題（不過一年中有幾天，最後一百公尺可能上不來，除非是四輪傳動車）。

冬天活動中，最受歡迎的就是穿上雪鞋，跟著嚮導去雪原健行。和登山單車行程一樣，早上六點出發，往旅館的後山前進，穿雪鞋登雪山，慢慢走，男女老少都走得完。走約三十分鐘後回頭看，眼前即是一片雲海，而且雲海和群山的盡頭，還可以看到透亮的日出。冬天來的客人總是比夏天的客人更容易感動落淚，原因就是冬天的景色比夏天還棒。畢竟空氣的透明度完全不一樣，可以更清楚看見日本百岳卷機山。

另外，針對滑雪和雪板的行家，我們也準備了可以在自然地形奔馳的山岳滑雪行程。山岳滑雪場地，就是只這裡的後山，它的周遭地形非常複雜，而且雪堆是經由風吹自然形成的，在一、二月的旺季，經常都可以享受到粉狀雪的雪質。再加上這裡不是滑雪場，所以除了住宿客以外，不會有人來這裡滑雪。

除了「里山十帖」的後山，我們還可以安排神樂峰或八海山的山岳滑雪行程，想騎雪上摩托車也沒問題。

可以在這騎登山單車，活動豐富。

Point 2

強化優勢，深化獨特性

創造「『里山十帖』＝絕景露天溫泉」認知符號

當我們在電視節目等眾多媒體上獲得日本第一絕景的封號後，不少人開始產生一個印象，就是把「里山十帖」和絕景露天溫泉畫上等號。

其實絕景露天溫泉不過是「里山十帖」十個故事中的其中一個——「療癒」，我們還有許多其他故事希望客人體驗、感受。不過，**絕景露天溫泉確實是我當初打算用來推銷「里山十帖」的「重點」**。

「里山十帖」是從老舊旅館改造而成的。如同我在第一章所描述，這裡的絕景並非從前代旅館就有，當時的露天溫泉區四周都是杉木林，而且浴室棟和客房棟距離太近，從客房只看得到浴室棟的牆壁和屋頂，不管是從露天溫泉區或客房看出去，都完全看不見卷機山，四周全被杉木林包圍了。

因此，當我看到這裡的地形圖時，腦中便浮現一個想法：「把這片杉木林砍掉，說不定可以看到令人驚嘆的絕景。」而且我確信，假如能擁有這片絕景，對經營而言絕對是一劑強心針。

除了《自遊人》，我也長年替《東京Walker》、《OZmagazine》、《Jalan》等雜誌製作許多溫泉特輯或別冊。不管哪一本雜誌，每次賣最好的一定都是「絕景露天溫泉特輯」。**不分年齡或客層，只要提到溫泉，最大的訴求一定都是「絕景」**。我不僅知道這件事，也知道關東近郊縣市所謂的絕景露天溫泉大約到什麼層級。

只不過，為了得到一片絕景就砍伐整片杉木林的風險實在太高，因為砍伐面積相當大，而且還不知能不能得到地主的同意。但到最後，我仍決定要砍伐，主要是根據幾個理由。

「里山十帖」附近的地形非常特殊，容易形成積雪，且積雪量特別多，是少見的豪雪地帶。原先的客房棟和浴室棟靠得太近，更是容易積雪，導致每年建築物都受到損壞，因此，改善這個問題實為當務之急。我翻開前經營者的財務報表，看到他光是應付冬天的費用，就被壓得喘不過氣來了，說他是「因為下雪倒閉」，一點也不為過。所以，我認為有必要騰出一個空間，讓重型機械可以進來除雪。**砍伐杉木林，不僅可以保**

持建物不受損壞，還能空出堆雪的場地，又有助遠眺，正好達到一石三鳥的效果。

順帶一提，我們砍了幾棵杉木後，就會種回幾棵楓樹的樹苗。為什麼選楓樹呢？秋天楓葉很漂亮當然是原因之一，但主要是楓樹還有一個特徵，它的載重力特別強，可以承受較厚的積雪。而且，當它在這裡長期受到雪的積壓後，將無法長成高木，枝葉會比較貼近地面。因此，十年之後，大家不僅可以享受到這片絕景，還可以觀賞楓葉。加上這個未來的預期，砍伐計畫等於達到一石四鳥的成效。

當這片超乎想像的絕景出現在我眼前時，我滿腦子想的都是怎麼活用這片絕景，讓它與露天溫泉結合。不是標新立異，而是活用它。並且，坐下來泡湯時，還能看得到景色，這才是最重要也最困難的地方。

這世界上有許多地方都被譽為絕景風澡堂，但真正「浸泡在浴池中還能看見絕景」的澡堂非常地少。比如說，由上往下拍照可以看到一片大海沒錯，但一坐進浴池就什麼也看不見了。又或者照片看起來，澡堂蓋在溪流邊很漂亮，但一坐進浴池，就看不見溪流也看不見山，像這樣的澡堂非常多。

「里山十帖」的露天溫泉有兩座，一座是岩石露天溫泉澡堂，一座是檜木露天溫泉澡堂。檜木露天溫泉澡堂的設計，是參考斯里蘭卡建築家傑弗里巴瓦（Geoffrey

Bawa）設計的「無邊際泳池」。所謂的無邊際泳池是指看不見泳池的邊緣，讓泳池水面融入前方的海景，產生無限延伸的感覺。世界各地都開始流行起這樣的設計，近來最知名的，就是把無邊際泳池蓋在屋頂上的新加坡「濱海灣金沙酒店」。

目標是成為獨一無二的「自然派日本料理」

大家知道為什麼日式旅館的料理總是品項眾多，而且器皿色彩鮮艷、耀眼奪目嗎？因為經營者的第一個考量，就是自家的東西被放上旅遊網站、雜誌、電視、旅遊書時，「看起來夠不夠豪華」，味道的追求反而放在第二、第三，這真的很可惜。他們認為，處於資訊洪流中，若不抓住消費者的目光，就不會有客人上門。

相較之下，「里山十帖」料理照片看起來卻很樸素。正式開幕以後，我們多次接受電視台採訪，每次開錄時，看著我們的料理，我心裡總會想：「視覺上好弱啊！」因為早已習慣料理出現在電視螢幕或雜誌版面上時，料好豐富、堆到快滿出來的樣子，讓人直覺「看起來好好吃」，而且最好要有海膽、鮭魚卵、螃蟹、霜降牛肉等食材。

但是，「外表樸素、滋味豐富」才是「里山十帖」的料理主題。

可能有些人會覺得：「樸素的料理無法成為壓倒性的強項吧？」但我們認為這樣的特色才是獨一無二。

「里山十帖」的料理，春天幾乎都是山菜，夏天到冬天都是蔬菜，換言之，和一般日式旅館料理截然不同，也和在京都或東京吃到的日本料理不同。我們的目標，是做出讓人感受到泥土的香味，以及農作物本身的味道與香氣的「自然派日本料理」。我們的食材以有機、無農藥蔬菜為主，搭配傳統調味料，讓客人可以品嘗到最自然的味道。

我們很珍惜食材原本的味道，所以完全不使用添加物，更遑論化學調味料了，其他像和風高湯調味料、高湯塊、味精等，也絕對不會出現在「里山十帖」的料理中。此外，我們也不會使用在製造階段殘留添加物的加工食品。

一般的餐廳就不用說了，我們料理的「自製比例」和其他日式旅館相比，高出非常多，像是和食的基本食物，米、味噌湯、醃漬物全都是自家製。除了這些，還有蕗味噌，我們一年只做一次，都是全體總動員一起做。在我們旅館的占地內就可以採到傳統蔬菜，山菜則會去後山採集。

說到這裡，不知情的人可能以為我們的料理就像「老奶奶的家常菜」，事實上，我們雖加入了鄉土料理的元素，但端出來的東西可是會顛覆大家想像的。

指揮「里山十帖」廚房的是北崎裕，今年四十一歲。

如同第一章所述，這位廚師以前修業的「吉泉」，可是曾在關西米其林指南獲得三星級的京都名店。他出自國際基督教大學，本身擁有奇特的經歷，喜歡喝茶、插花，更是一位愛讀書的人，十分用功。這樣的廚師所做出來的料理，和京都的日本料理店提供的料理不同，也和鄉土料理不同，更**和日式旅館料理大相逕庭，只有來「里山十帖」才吃得到**。他以各種山菜、蔬菜為主角，花費許多功夫與巧思，成功引出了食材最真的味道。

身為「實體媒體」的評價

承蒙抬愛，一些常去東京或京都名店的客人，都很喜歡「里山十帖」的料理。他們讚揚，北崎雖曾在京都修業，卻不模仿京都的口味，反而追求新潟、南魚沼特有的味道。

例如，所有料理用的山菜都是我們自己採來的，從採集到上桌僅隔數小時，所以香氣和味道特別濃郁。還有，全國各地包括新潟在內都很少見的火耕農法種出來的傳統蔬菜，以及杉木的新芽，他都拿來入菜，試著用吃來解決森林問題。以下，我擷取一些客人的留言給大家看。

「我第一次品嘗到山菜真正的香氣和滋味，除了感動還是感動。看起來只有川燙的山菜，裡面嘗得到昆布高湯的味道，以及和山菜很搭配的香草。食材都是從後山現採，真的是只有在「產地」才吃得到的限定料理，能吃到這樣的料理實在太滿足了。」

「沒想到現在還有人用火耕方式種紅蕪菁，真令人驚訝。而且紅蕪菁的皮居然蘊含那樣的甜味，讓我體會到什麼是蔬菜真正的味道，那是富含生命力的味道。」

「聽到『醃茄子』，原本以為應該是口味單調、了無新意的一道菜，結果大大出乎我意料。而且居然可以一次吃到五種稀有品種的茄子，真是太厲害了！新潟這個地方真是潛力無窮。」

「香魚片木蕎麥義大利麵這道菜帶給我很大的震撼，為什麼香魚沒有腥味？知道主廚來自京都的吉泉之後，一切就了然於心了，想必主廚一定非常精通基本食材的處理。光是吃這道香魚義大利麵，就讓我想再回來『里山十帖』住一晚。」

「杉木的新芽居然可以拿來做料理，真的令人非常驚訝。一開始看到『守護森林』這道菜名時完全摸不著頭緒，一問之下才知道，是希望透過「吃」來保護里山的杉木林，這個發想實在太有創意了，我很喜歡。」

「白蘿蔔和紅蘿蔔因為保存在雪室，所以甜度增加了，這是只有新潟才嘗得到的味道。切成薄片，在昆布高湯中煮到入味，調味料與食材的甜味搭配得恰到好處，真的很厲害。」

「里山十帖」開幕之初，最主要的客層就是平常對排毒跟淨化有興趣、敏感度比較高的女性。

「明明在你們那裡吃了很多東西，回家站上體重計一量，居然還變瘦了！這裡的食物溫和不傷胃，再加上溫泉的加乘效果，身體和皮膚的狀態都變更好了。」

「除了『里山十帖』，大概沒有其他旅館可以讓我吃到這麼多蔬菜了。有機蔬菜的味道很有生命力，吃了之後感覺精神都來了。」

「『我希望每道菜都是蔬菜料理。』這種在其他旅館可能遭白眼的要求，沒想到『里山十帖』卻很爽快地接受了。而且端出來的料理超乎我期待地好，比東京的素食餐廳水準還高很多，讓我忍不住想大喊：『怎麼會有那麼棒的地方？』」

「把山菜當成香草運用在各種料理上，每道菜都充滿驚喜。隔天早上，我覺得身體變得很輕盈，真是太不可思議了。很快就會帶我那些喜歡吃素的朋友，再度回來這裡。」

願意提供素食料理也是「里山十帖」的特色之一。純素、蛋奶素、生機飲食、長壽飲食法……這些特殊的飲食需求，我們幾乎都能滿足，這一點特別受外國旅客歡迎。明明正式開幕還不到一年，我們也沒去海外宣傳，卻在二〇一五年冬天，十二間客房中，平均每天就有一間是外國旅客。

除此之外，許多原本「對蔬菜料理沒興趣」的客人，他們給予的這些回應尤其令我們開心：

「老實說，聽到這裡提供蔬菜料理讓我有些猶豫，但吃過之後覺得很滿足。」

「我先生是討厭吃青菜的人，連他都一口接一口地說好吃，果然好的食材很重要。」

「我第一次吃到那麼多蔬菜和山菜，而且每一種蔬菜的味道都很濃郁，可以感受到很強烈的生命力，真是讓我大開眼界。」

「充滿個性的料理令人超級滿足。我覺得『里山十帖』最有魅力的地方，就是料理。」

「里山十帖」的晚餐，其實就是雜誌「蔬菜料理特輯」的真實體驗版，而且還會根據不同季節，選用不同的山菜、傳統蔬菜和雪室蔬菜，提供各式各樣的體驗與發現。

現在，大家可以理解我說「里山十帖」是一座「實體媒體」的意思了嗎？

Point 3

回應特定客層的需求

再訪率才是提升住房率的捷徑

「里山十帖」開幕後，最讓我們訝異的是回頭客特別多。我想，最主要的原因應該是「原創性」，因為我們的概念和其他旅館完全不同，「找不到第二間類似的旅館」。

其實，當我們接下這棟旅館的前身、還沒進行改裝的那年夏天，我們很驚訝地發現，這間旅館回頭客居然這麼少。接下旅館是在七月，既是暑假前夕又是旅遊旺季，我們本以為回頭客會一個接一個出現，主動預約下次的入住，即使不做特別宣傳，也能達到百分之五十到六十的住房率。但不管我們怎麼等，電話就是沒響、網路就是沒人預約。結果，七、八月我們只接到兩到三組的回頭客。明明是營業了二十年的旅館，怎麼會這樣？

我想這是所有經營困難旅館共通的問題，沒有特色的旅館一旦陷入削價競爭，旅**館的賣點就只剩下價格**。這間旅館在我們接下之前，胡亂推出一堆超低價專案，再加上通縮推波助瀾，導致每年都必須調降價格，否則客人就不會回流。

為了擺脫削價競爭，我們接下旅館後立刻改變料理和備品的內容。尚未改建的老舊旅館，即使推出超低價專案，仍難以轉虧為盈。且一泊二食的價格若壓到一萬日圓以下，像我們這種小規模旅館實在很難產生盈餘。

於是我們決定調漲幾千塊，但換來的卻是一個回頭客也不剩。即使好不容易接到預約的電話，只要我們告知客人：「現在旅館換手經營，我們重新設計了新的料理，也更換新的備品，所以一泊二食價格調漲為一萬兩千日圓。」對方就會立刻掛斷電話，甚至還有客人罵：「你們這是暴利！」。

即使如此，我們仍沒料到日式旅館的回頭客會少到這種地步。過去我們採訪那些生意興隆的日式旅館時，對方一定會說一句：「這都要感謝常客們的支持。」過去我們採訪的全是業績好的旅館，回頭客多也是理所當然。但我們真的很意外，原來經營困難的旅館，回頭客可以如此之少。原本的價格已經夠便宜了，卻還得年年調降，又要付手續費給網路訂房平台，這樣下去，經營狀況根本不可能有好轉的一天。

幸好這段痛苦的經驗，讓我們徹底了解，**那些知名旅館之所以能生存下去，最主要的原因是獲得回頭客的支持**。自從我們試營運之後，也深深體會到這個道理。尤其是正式開幕後，我們大幅提升服務和料理水準，回頭客也在此時大幅增加，來這裡住宿的客人在退房時，有很高的比例會直接預約下次住宿的時間，而且第二次來的客人多半會連住兩晚。我們的最高紀錄是在開幕的第三個月，就出現願意連住五晚的客人。

我問他們為什麼願意再度光臨，幾乎所有客人都回答：「像你們這樣的旅館，我找不到第二間了。」簡單而言，就是旅館整體所散發的「氛圍」。細問之下，喜歡料理的人會說：「找不到第二間會讓我想連續住宿，料理又吃不膩的旅館。」「其他旅館的料理都不太健康。」也有喜歡館內舒適度的客人回答：「就像在自家一樣放鬆。」客人對旅館的氛圍給予正面的評價，對創意總監來說就是最高的讚美。獲得回頭客有很多方法，像是集點卡或定期發送電子郵件等，但我覺得最有效的方法還是**回應特定客層的需求，讓他們共享同樣的氛圍**。

「模仿」無法產生新價值

多數人在開一間新的店或旅館之前，一定會先從考察其他業者開始。沒錯，如同我在第二章提到的「現實社會與統計資料的反覆驗證」，確實是要從「體驗」著手。但體驗重點在於「感受」，而非「檢視」表面的現象。比如說，不要因為在「里山十帖」看到吃蔬菜料理露出開心笑容的客人，就認定：「好！接下來就是蔬菜料理的時代。」

山形縣米澤有間旅館「時之宿　董」，客房只有十間，也是一間重新整修的旅館。三一一大地震之前，他們的住房率曾達到百分之九十，十分驚人。他們晚餐提供的是米澤牛大餐。對小規模旅館的老闆而言，這間旅館也是考察的好對象。但是，若在住過「董」和「里山十帖」之後，只一味思考「接下來的潮流會往哪邊走」，是沒有意義的。

因為「里山十帖」和「董」都各自回應了特定客層的需求，卻又有一部分互相重疊。所以若你帶著「接下來會流行吃肉還是吃菜」的心態去考察，完全沒有意義。假如你要比的是「哪一方人氣比較高」，不用比，一定是「肉」。不用特地跑去住過「里山十帖」和「董」，只要看看這世界上蔬菜料理店比較多還是燒肉店比較多，就知道了。

或是打開家庭餐廳的菜單，看一看是蔬菜料理多還是肉類料理多，自然就有答案。

「董」會竄紅成為人氣旅館，並不是因為他們提供「肉類料理」，若是如此的話，所有小規模旅館都可以靠肉類料理起死回生。如同我多次強調的，重點在於「氛圍」。「董」散發一股獨特的氛圍，可以感受到旅館主人的品味，這才是他們達成驚人住房率的最大原因。考察，最重要的就是親身去感受現場的氛圍。

那麼氛圍究竟是怎麼創造出來的？雖說體驗氛圍只要用身體去感受就行了，但提供氛圍卻必須經過縝密計算才能做出來。**重點是，不要「模仿」，要「提供消費者真正想要的新價值」**。

這點，我在第二章「共鳴整合」中曾簡單提到，這裡我再以雜誌的編輯手法為例，做更詳細的解說。

現在這個世界流行把東西都數值化，非常重視市場調查。每本教科書都十分強調明確的目標客層和目的，卻幾乎沒有一本工具書提到把情報傳達給特定客層的技巧和思考方法。

我在出版《自遊人》雜誌之前，主要替《東京 Walker》、《TOKYO ☆一週間》《OZmagazine》、《Jalan》等主流雜誌工作，有時候也會接幾本發行量較小的專業雜誌。

每本雜誌的銷量目標都不同，對成果的定義也不同，唯一共通的目標就是「回應預設的特定讀者層的需求」。這幾本雜誌的讀者群乍看之下都很相似，但彼此之間又有些許差異，想要達成目標，就必須經過徹底的檢驗和縝密的計算。

一般認為，雜誌總編輯應該都是個性很強烈的人，使雜誌風格受到總編輯的個性與感性牽引。實際並非如此，大多數的總編輯都是通才，至少我認識的總編輯都是這樣。他們表面上看起來很有個性、沒有通融的餘地，那是因為他們心裡不斷在做縝密的計算，思考怎麼回應讀者的需求。

我曾以執行編輯的身分參與《東京 Walker》的特輯製作，當時的總編輯非常重視一個想法，即「情報企劃（情報價值再造）」。《東京 Walker》的草創期，剛好是《Pia》的全盛期。《Pia》這本雜誌靠著網羅東京大大小小情報而發展起來，但是之後讀者漸漸對情報的洪流感到疲乏，開始希望有人可以替他們篩選情報。

當時，《東京 Walker》最需要的企劃技巧是，如何徹底扮演舞台上「黑衣人」註的

註：被要求「不被看見」的劇場技術人員。

角色。也就是，如何即時提供消費者想要的情報？如何讓讀者感受到「無微不至的照顧」？想做到這個地步，就一定要徹底進出每個情報的現場。有了親身體驗經驗之後，再思考如何在有限版面上配置這些情報，發揮最好的資訊傳達效果，並且重複檢驗作法。

久而久之，在幾經驗證之後，我們發展出幾套好用的方法，比如說「跨頁七間店法則」。

大家知道在跨頁上放幾家店的情報會讓讀者覺得「好豐富」？幾間以上會讓讀者覺得「太多了」？幾間以下又會讓讀者覺得「太少了」？還有版面配置也要注意，人的視線習慣從右上到左下，再從左上到右下，以十字交叉的方式移動，所以最強大的訊息要放在右上角，第二強的不是放在右下角，而是左下角，這樣的效果最好。

又比如說「七比三法則」。刊登的情報以十間店來說，最好的比例是七間大家都知道的主流店家，以及三間很少人知道的店家，這樣最能增加讀者對情報的信賴感。這個法則可以做出很多變化。例如，若沒有銷售量壓力，純粹只想強調風格的話，可以把比例調整成「五比五」甚至是「三比七」。更進階的做法是，清楚知道這十間店的目標客層是誰，這麼一來不僅可以樹立雜誌的風格，還可以精準預測雜誌的銷售量。

那麼，為什麼那些後起追隨《東京 Walker》的雜誌，皆無法超越《東京 Walker》呢？他們不知道「跨頁七間店法則」或「七比三法則」嗎？答案正好相反。

後起的雜誌一定會先徹底研究分析先行成功的雜誌，「偷學」他們的數據和方法，形成「模仿」。然而，數據和統計資料永遠比潮流慢一步。雖然近年因為電腦和網路興起，使得這樣的延遲縮短了許多，**但當你看到統計資料發生變化的那一刻，其實就「已經比別人慢了」**，更別提你還要花人力時間去「分析」它。

後來，《TOKYO☆一週間》創刊時，我們公司被挖角過去。那時候，我們打算用和《東京 Walker》完全不同的思考方式提升銷售量。

我們想做出一本會讓人產生親近感的雜誌，是一本會如接待人員主動提案給讀者的雜誌。換言之，我們想在「TOKYO☆一週間」編輯特色加入情報企劃「黑衣人」特質。

其中，我們做得最成功的作品就是「賓館特輯」。當時，在大眾雜誌中推出賓館特輯，可說是史無前例。大家討論這個主題的時候，還產生很大的爭論，擔心是否會引發社會問題。但當時的主編和總編輯設法說服了高層，決定刊出我們提案的賓館特輯，結果引發讀者非常熱烈的回響。之後，包括地方情報誌等，許多雜誌社都開始做賓館特輯，這些特輯後來更被製作成雜誌書或各種保存版重新販售。

大家看到現在的《自遊人》或「里山十帖」的風格，可能很難想像過去我們曾做過這件事。但這和個人喜好無關，工作就是工作，能夠拿得出成果的，才是真正的設計思考。

「目標導向媒體」的想法

那麼，《自遊人》和「里山十帖」到底如何吸引目標顧客？

讓我們捨棄人氣雜誌執行編輯這麼安穩的工作，跳出來自己出版《自遊人》雜誌的理由就是，「我們希望把更高品質的情報傳達給特定的讀者」。我們把雜誌銷量目標設定在正常銷量的三分之一以下。簡單來說，我們可以把「跨頁七間店法則」變成「跨頁兩間店法則」，或是把原來的「七比三法則」反過來變成「三比七法則」。

還有，像「里山十帖」只準備十二間客房。用一個不怕大家誤解的說法就是，「我們只做我們喜歡的事」。

雖然我把「里山十帖」稱為「體感媒體」，但就像每個人對雜誌的喜好不同般，對住宿設施也一定有不同的喜好。但和雜誌不一樣的是，消費者在書店拿起雜誌翻閱，如果覺得「感覺不對」，就放下書本，不要拿去結帳即可。但旅館就不同了，假如宣傳手法不恰當，很可能就會吸引「感覺不對」的客人前來消費。

比如說，假如我們以「新潟高級旅館」為宣傳主軸，會發生什麼事？顧客的住宿需求大概就變成，以一泊二食三萬日圓為預算，為了犒賞自己或慶祝紀念日的旅行。這麼一來，目標客層的範圍會變得非常廣，和《東京 Walker》或《TOKYO ☆一週間》的想法很像，我們變成必須提供全方位的服務。如此一來，訴求便和其他「適合慶祝紀念日的旅館」、「講究款待的旅館」沒什麼兩樣。這對鎖定特定客層的「里山十帖」來說，一定會引起客訴風暴。

「里山十帖」的客人八成以上都是透過我們公司的網站訂位。為了將「不幸相遇」機率壓到最低，我們在網站上盡可能詳細刊載了旅館方針，網路訂位平台目前也只和「一休」合作。為什麼不和其他網站簽約？因為我們怕「新潟高級旅館」、「適合慶祝紀念日的旅館」等關鍵字的搜尋，會吸引「感覺不對」的客人前來。

當然，造訪「里山十帖」的客人中，一半以上都是為了犒賞自己或慶祝紀念日。但是一開始就認同「里山十帖」給人的氛圍、覺得「來這裡一定很棒」的客人，和因為看到「三萬日圓以上」、「客房附露天溫泉」這些關鍵字前來造訪的客人，結果一定很不一樣。

再加上有個重點，就是慶祝紀念日旅行這塊餅實在太大了。若想滿足各種類型的客人，最後一定不得不降低旅館個性。如此一來，主要訴求很容易變得沒有特色太過一般，像是「全室一百平方公尺」、「A5等級沙朗牛排」之類。假如新潟要和箱根、伊豆的旅館競爭，那麼在同樣的條件下，首都圈的客人一定會先認定新潟的旅館絕對比較便宜，要是他認為不夠划算，就會寧願選擇去箱根、伊豆。

反過來說也一樣，如果把自己定位為新潟的「慶祝紀念日旅館」，則勢必要以新潟縣內的居民為主要客層，和其他旅館搶食這塊需求早已每況愈下的餅。

所以結論就是，「慶祝紀念日旅館」、「客房附露天溫泉」、「三萬日圓以上」這些關鍵字，看似已鎖定某目標客層，其實根本沒有。

若想鎖定目標客層、回應特定客層的需求，關鍵在於引發「共鳴」。而要達到這個理想，必須擁有一個像「里山十帖」一樣，明確區分對象的「目標導向媒體」才行。

上：迎賓甜點　下：可以花一整天的時間悠閒地讀書

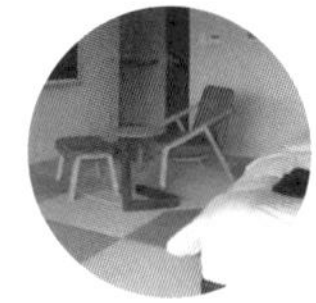

Point 4 意外組合引發創新

傳統民宅與現代設計的融合

「里山十帖」的迎賓棟，是重新翻修自一間一百五十年歷史的傳統民家。這棟房子原是一戶富裕農家所有，粗樑可以抵擋豪雪，而且全棟櫸木、全棟塗漆。

九州的由布院溫泉、黑川溫泉的社區總體營造相當知名，在「最想去的溫泉地」、「想一去再去的溫泉地」這類的排行中，時常榜上有名。型塑他們街上景觀的一個重要因素就是「傳統民宅旅館」。但大家知道嗎？其實那裡有不少傳統民宅是從新潟遷過去的。那種樸素、鄉村的氛圍，正是來自新潟。除了由布院溫泉、黑川溫泉以外，還有許多地方也是以傳統民宅為賣點，你只要看到樑柱特別粗的傳統民宅，幾乎可以篤定地說，都是從新潟搬過去的。

回頭來看傳統民宅輸出地新潟，很遺憾的，幾乎沒有一間旅館是以傳統民宅為賣

點。為什麼？因為新潟縣民對傳統民宅的印象多是負面的，「寒冷、陰暗、俗氣」。對住在都市的人來說，想法很簡單：「傳統民宅好棒！我們要好好保存它。」但對實際住在裡面的人而言，卻是「恨不得快點改建的負面遺產」。

窗戶多、室內溫暖的洋樓才是他們憧憬的住宅，粉紅色與綠色的外牆才是豐饒的象徵。若是三樓挑高的透天厝，一樓還可用來停車。不必跑到屋頂除雪，雪會自動從屋頂滑落。即使一樓被雪埋住了，二、三樓的生活空間依然明亮……這樣的住宅在雪國才是富裕的象徵。

如果問那些改建傳統民宅的人：「為什麼你們要破壞傳統民宅？」他會告訴你：「因為我不想一直爬到屋頂除雪啊。」甚至有人會說：「我也好想過過睡在床上的生活。」「我也好想過過客廳有沙發的生活。」

我們的提案，是希望創造一個即使不是洋樓也能很溫暖的空間，而且可以過著擺放床和沙發的生活。我們想證明，比起被白色壁紙包圍的空間，**傳統民宅更適合擺放世界級設計作品的椅子和沙發**。

既定觀念會妨礙創新

在冬季，我們能從客人開口第一句話，判斷他從哪裡來。

「里山十帖」的迎賓棟挑高十公尺，當客人打開門踏入這個空間，若說的第一句話是：

「哇，這麼挑高！糅好粗喔！」這位客人應該就是來自都會區。

「好溫暖喔！」會這麼說的，應該就是新潟在地人，或從其他同屬雪國地區來的客人。

對雪國居民來說，傳統民宅是很寒冷的，不可能有溫暖的傳統民宅，更何況抬頭就看到屋頂挑高十公尺。他們唯一能發現的暖氣設備只有柴火爐，其他地方完全找不到看似強勁的暖爐。對室內溫暖程度感到訝異的客人，在登記入住時通常會忍不住問員工：「為什麼這裡那麼溫暖？」

為什麼會這麼溫暖？因為我們徹底做好了斷熱及空調系統。其實我們使用的並不是什麼最新技術，但把傳統民家做這番改造的，我們可能是全日本第一個。當時，在我煩惱怎麼把如此巨大的傳統民宅變溫暖時，忽然想起了介紹別墅型錄上出現的空調系統。

來「里山十帖」住宿的客人若是從事建築業，經常會問我這個問題：

「這套空調系統是誰想的？」

「我。」

每次這麼回答，對方立刻一臉不敢置信地說：「騙人的吧？」雖然只是將既有的技術重新組合，卻是劃時代的創新手法，「很難想像這套系統是出自一個非建築師之手！」

「設計管理是誰做的？」

「也是我。」

應該說，說不定交給專家或設備業者來做，反而做不出這樣的系統。**人一旦有了「傳統民宅很寒冷」這樣既定概念**，壓根不會去想如何把傳統民宅變得溫暖。從來沒有人想過，要在這麼巨大的傳統民宅內做斷熱工程和加裝空調。當初那些一開始說「絕對不可能」的營造公司和設備業者，最後仍替我完成了這套系統，大概是因為看到我「絕不妥協，全力以赴」的姿態，所以忍不住心想：「盡力幫他達成這個夢想吧！」我想這就是「共鳴圈」的影響力，**共鳴可以幫助計畫成功**，「里山十帖」就是個很好的例子。

對環境友善的能源系統

近十年，環境保護意識抬頭，特別是二〇一一年以後，包括能源在內的環境問題，已成為企業永續的重要課題之一。

二〇一一年大地震之後，我到許多國家視察再生能源利用的現況。丹麥、挪威、芬蘭、德國、西班牙、紐西蘭、菲律賓……，我參觀了各種先進的能源系統，包括西班牙的太陽熱能發電（不是太陽光電），以及挪威的潮汐發電、海浪農場等，其中印象最深刻的，是德國、北歐各國對於使用能源的概念「如何以最少的能源消費，達到舒適生活的目的」，以及「任何地方都採集得到能源——地源冷暖氣系統（Ground Source Heat Pump System）」。

「里山十帖」開業時，由於日本地源冷暖氣系統價格和歐洲相比實在貴得離譜，所以很遺憾我們放棄了這項選擇。不過，我們仍把徹底斷熱的想法應用在重建中。

以德國為首的歐洲各國，別說屋齡一百五十年，連屋齡兩三百年的房子，大家都稀鬆平常地繼續使用。在如此寒冷的地區，這些傳統住家之所以能保存這麼久，就是因為它們實施徹底的斷熱。他們的斷熱材料種類相當豐富，很多都強調分解後對環境不會造成傷害。可惜的是，這類材料太過昂貴，「里山十帖」並沒有使用，但在徹底斷熱這點上，**我們仍使用了與歐洲環保先進國家同等級的材料**。

前面已經提過，迎賓棟的傳統住宅，我們做到了即使在冬天也很溫暖的程度。至於客房棟的斷熱，做得其實比迎賓棟更好，而且實現了和北歐住宅同等級的節能效率。

二〇一四年冬天試營運時，我們連續接到了相同的客訴，讓我們非常訝異。

「我明明空調設定在二十四度，結果房間溫度卻是三十度，空調是不是壞掉了？」

簡單來說，房間溫暖過頭了。

「里山十帖」的客房棟是屋齡二十三年的木造建築，本身其實非常簡陋。雖只有十二間房，但仍是寬闊的空間，冬天的暖氣費高得嚇人。接手「里山十帖」以前，全館除了客房以外，都可以看到人人口吐白煙。即使如此，一個月的暖氣費仍然高達兩百五十萬日圓。後來我們把牆壁、地板、天花板全部拆掉，徹底實施斷熱。現在，全館每個人都可以只穿單薄的館內服，光著腳丫走來走去，一個月的暖氣費卻只要一百五十萬日圓。不僅舒適性增加，還大幅降低支出費用。

但若問到：「足以讓施工費用『回本』嗎？」答案是不行的。開暖氣的時間大約是十一月到四月底，這六個月大約可節省四百萬日圓，但斷熱及暖氣設備的費用約有一億五千萬日圓。算起來回本需要三十七年半，所以，要靠節省的錢回本太不切實際。

不過，這個改造替「里山十帖」帶來的效益不只是「溫暖」而已，還包括「安靜」的舒適性。

冬天造訪「里山十帖」的客人感到驚訝的，除了溫暖之外，還有就是安靜。迎賓棟有十公尺高的挑高空間，想要讓裡面溫暖起來，通常會聽到空調風扇或暖爐發出的聲音。但在「里山十帖」的迎賓棟裡，幾乎聽不到機器運作的聲音。別說機器的聲音，連對流風的感覺都沒有。

客房也是，開暖氣雖然聽得見空調機器的運作聲，但只要關掉，立刻變成無聲空間。因為每間房的牆壁都徹底加入了斷熱、吸音的材料，關掉空調後，整個房間就會變成近乎錄音室的無聲空間。當然，由於本體是木造建築，所以即使已經徹底加入吸音材料，只要隔壁大聲講話，還是聽得到；走廊和房間只隔一扇門，所以走廊的談話聲也會傳進客房裡。雖說如此，還是相當安靜。回頭客再訪理由，最多人提到的就是安靜。

療癒這個名詞雖然已經被過度使用，但它確實是現代旅行不可或缺的要素。

我在Point 1的開頭寫過，現代人「幾乎已沒有溫泉療養的需求」。但是，**「心靈療養」需求很大，這個需求就是所謂的「療癒」**。而什麼要素對療癒來說很重要？答案就是「聲音」。

都會區處處都是噪音，人說話的聲音、電視的聲音、車子的聲音、電車的聲音、店家的音樂、招攬客人的聲音、宣傳車的聲音，我們生活一個在充滿雜音的環境中。

「里山十帖」在提升節能的同時，也在寧靜上下足功夫。春天的時候，從客房走向陽台，打開門的瞬間，就能聽到外頭的鳥鳴、風聲、樹葉磨擦聲，無不令人感到悅耳。仔細聆聽大自然的聲音，比任何古典音樂、心靈音樂都讓人放鬆。

斷熱與寧靜的創新，以及安靜與自然聲之和諧。堅持信念的創新，有時候就是會像這樣，帶來意想不到的附加價值。

Point 5

創造真正「有故事的商品」

最珍貴的時間，本身就有「故事性」

由於「里山十帖」散發很強的訊息性，使有些人覺得「宗教色彩好強」、「感覺好像在說教」不喜歡。

當然，「里山十帖」和特定的宗教或政治政黨沒有任何關係，因為製作雜誌最重要的就是中立的觀點。我們必須一邊俯瞰自己，一邊思考如何兌現對顧客的承諾。

實際上，拜訪「里山十帖」的客人常有這樣的感想：

「第一印象以為這間旅館會舉辦討論會活動，強迫大家聽一些農業方面的知識宣導，讓人有些戒心。實際來了才發現，跟心裡想的差異很大，什麼宣導、介紹都沒有，反而讓人覺得，有些宣導好像也不錯。」

「看網站的介紹，好像來這裡住宿會被測試品味，有點擔心是否能好好放鬆休息。

實際來了之後發現根本沒這回事，反而是太過舒適，讓人印象深刻。為什麼你們要把與外界的接觸管道弄得這麼狹窄呢？」

的確，我們網站上的入住須知和介紹文章，都刻意寫得比較強烈。其中一個目的是希望「將雙方『不幸相遇』的可能性壓到最低」，另一個目的也是藉機讓客人詢問自己，你希望住在什麼樣的旅館。

「里山十帖」把Luxury重新定義為「體驗和發現才是真正的奢華」，這些都必須靠客人自己看、自己思考、自己活動才能獲得。「里山十帖」的十帖指的是「十個故事」，**我們提供的是滿足知性、好奇心的故事，以及最珍貴的時間**。

但許多人仍認為奢華是用價格來衡量，例如「住一晚兩萬日圓以上，應該是這種等級」、「一個晚上要價三萬日圓的話……」，這是不爭的事實。有些人認為「兩萬日圓以上的房間應該要有五十平方公尺，三萬日圓以上就該有一百平方公尺」，也有人覺得「備品應該要用名牌，而且要附SPA」、「大畫面電視和DVD是必需品」、「現在的高級飯店一定要附管家服務才行」。該怎麼說呢，這些消費者對奢華的價值感受還是過於被動，即使旅館加入了故事性，對他們來說可能也只是「耳邊風」。

我在上一章提到，「里山十帖」的目標並非成為全方位的旅館。在改建的階段，我們當然可以把所有房間都改成套房，或導入管家服務，但我們沒有。**我們把成本用在保留傳統建築、追求食材的味道與安全性，以及斷熱和節能方面。**

靠自己去讀故事、去體驗，可以增加感受的深度，所以我們不開「討論會」，農業體驗會也是不定時召開。只有察覺到的人、感興趣的人，我們才會提供服務。畢竟每天都做同一套事情的話，我們也是會疲乏的……。

故事的感染力和旅館主人的美感品味成正比

最近，不管是在商品開發或城鎮振興的議題上，大家都會說「重點在於故事」、「故事性很重要」。要是最後發現，怎麼方向越走越偏了，那麼問題通常出在一開始的時候。也就是說，大家只是一起絞盡腦汁、努力想出了一個牽強附會的故事。

所謂故事性並非「編故事」，不是創作一個從未發生過的傳說，也不是創造一個角色，想像他的出生和家庭結構。當然，如果你的功力像小說家或編劇一樣，創作出無懈可擊的故事，這也是一個手法，但大部分的人並無法做到那麼高的完成度。

那所謂的故事性到底是什麼？

其實，即使不必刻意創造故事，任何一座城鎮或旅館，都潛藏著許多待挖掘的故事。歷史、文化、自然以及真正的故事，很多東西都可以講，問題反而是「故事太多，不知從何講起」。

要說什麼故事，則和說故事者的品味、該座城鎮的品味有關。

若問我心目中最有品味的旅館，我首先就會想到京都的「俵屋」。用一句話來形容「俵屋旅館」的魅力就是「無法用規格衡量的價值」。

比如說它的客房，私人空間的面積雖然很小，但我想實際住過的人，應該沒有人會覺得「狹小」，反而會認為它很精巧、住起來很舒服，有一種豐富的感覺。除此之外，還可以感受到設計者的氣勢，以毫米為計算單位，每一平方公尺的空間都沒有被浪費。從客房可以望向優美的庭院，光是在這麼棒的空間待上一晚，就覺得是用再多金錢都無法取代的價值。還有它裡面的擺設也很講究。掛軸、花器，每件器具都有它的作用，這些堪稱藝術品等級的物品，卻被稀鬆平常地擺在房間內裝飾。他們的料理也是沒話說，品質不輸京都名門料亭，而且是用非常漂亮的器皿裝盛。

這樣的旅館，他們不需提供解說，因為到處都是故事。但能否感受得到，就得視客人的品味而定了。這才是「重點在於故事」的體現。

「俵屋旅館」空間充滿了日本文化精髓，反過來說，覺得空間帶來緊張、拘束感的人，或是對於擺設、器具不感興趣的人，就會認為收費有點昂貴。但對真正追求心靈豐富的人而言，不僅認為住宿費不貴，反而覺得它提供了超越金錢、獨一無二的價值。

以這個基準來看日本旅館，我發現，幾乎沒有一間旅館像「俵屋」一樣，可以提供這麼強的故事性。有故事性的旅館，我想得到的大概只有那須高原的「二期俱楽部」、由布院溫泉的「玉之湯（玉の湯）」和「龜之井別莊（龜之井別荘）」、輕井澤的「星之屋（星のや）」……，也難怪日本觀光會興盛不起來，甚至向下沉淪了。

從旅館的故事性，可以看出旅館主人的編輯功力。亦即，旅館的感染力與旅館主人的美感品味成正比。「里山十帖」和這些旅館比起來，還只是新生兒，但我希望透過深入思考故事性的內涵，替新潟縣以及日本的觀光發展略盡棉薄之力。

Point 6

目標是為這個地區帶來創造性的貢獻

傳統蔬菜可以成為「樂活農業」的生力軍

一提到傳統蔬菜，大部分人腦中一定會浮現京都、金澤、鎌倉等古都，這證明我們觀光宣傳能力多麼薄弱。傳統蔬菜並非古都才有，任何一個地區都有傳統蔬菜，只是這種「自己留種」的傳統蔬菜，不知什麼時候開始漸漸式微，只有在觀光客也就是消費者集中的古都，還保留這類種植方式。種植傳統蔬菜的人都是七、八十歲的阿公阿嬤，大多是種來自己吃，市場上幾乎沒有流通。為了獲得如此珍貴的傳統蔬菜，「里山十帖」在新潟縣內四處奔走收集，把它做成料理，並且，在兩年後，我們就開始進行傳統蔬菜契作栽培。為什麼這麼做？因為**我們確信，培植傳統蔬菜產業，可以為地區的「樂活農業」帶來不少助力**。

未來，日本農業一定會朝大規模化發展，否則沒辦法生存。媒體常報導，農業的問題在於後繼無人，但實際的情況是，百分之八十二點二的農民是兼職農夫，或是自給自足的小農，能單靠農業維持生計的專業農夫只占百分之十七點八。（二〇一〇年世界農林業人口普查報告書）。再加上以後農地不僅會越來越集約，還會朝大規模法人化的方向前進，遲早有一天，那百分之八十二點二的農民，將不再是農夫。

那麼，為什麼媒體總是報導問題出在後繼無人呢？其實那是農民的心願：「希望我家那個小兔崽子可以回來繼承。」但真正的問題不是農業，而是農村無法提供足夠的兼職工作，是「工作機會不夠」的問題。這其實是經濟問題，但因為各種考量下，被置換成農業問題。

再加上這些農民普遍存在著一種危機感：「把田地賣或租給專業農夫的話，我們就不再是農家了。」失去農家身分後，他們對家族以及地區的自我認同很可能會因此崩壞。但是，現在日本各地的稻農採用自種自售，也就是零售兼務農的形式，一來非常沒有效率，二來縱使現在機械化技術已經非常發達，他們也不敢採用，因為擔心投資成本無法回收。

相較於水稻栽培，屬於園藝農業的蔬菜，單位面積收穫量和收入都比較高，而且需要的機械化設備也比較少。

換句話說，用「心靈農業」、「樂活農業」的形式來栽種傳統蔬菜的話，兼職農夫就可以繼續當農民，還可以增加收入。

傳統蔬菜很有潛力成為觀光區吸睛商品，所以可用比一般蔬菜更高價格採購。蔬菜的價格再怎麼貴，也遠遠不及和牛、螃蟹、鮑魚等高級食材的價格。處理蔬菜需要花很多功夫，如果地方上的「樂活農業」可以提供支援，對觀光地區來說將是一大利多。

「聚會」的價值

「里山十帖」的「十個故事」，其中一個是「聚會」。主旨是「一個讓客人聚會、相遇的場所」、「透過聚會，創造嶄新的價值」，而且參與者不限住宿客。

「里山十帖」沒有接當日泡湯客，也沒有賣午餐。雖然可以只用餐不住宿，但套餐一客要價一萬兩千八日圓，一定無法受到當地人青睞。即使如此，我仍希望此處可以成為提供當地人新奇與發現的場所，所以一個月會舉辦一次活動。基本上，參加活動對象只限住宿客，但若是南魚沼市、魚沼市、湯澤町、十日町市、津南町、群馬縣水上町、長野縣榮村這些周邊的市町居民，只需繳一千至三千日圓左右會費，大家只要繳一千至三千日圓左右的會費，就可以用當日來回方式參加。一個月中只有這一天，消費者可以用這麼親民的價格前來「里山十帖」。獲邀出席座談會的特別來賓，都是當前極受矚目的年輕藝術家、設計家，以及各領域專家，像是繪圖藝術家川上淳、建築師兼產品設計師鄭秀和、自稱NOSIGNER的太刀川英輔、前武雄市市長樋渡啓祐、旅館分析師井門隆夫，都曾受邀前來。

在這裡舉辦活動非常有趣，因為參與者來自四面八方，大家互相交流激盪，這在東京等都市辦活動絕對看不到的場面。要是在東京，台上演講的若是設計師，下面的聽眾一定都是業界相關人士。但在「里山十帖」辦活動，參加的人可能是一輩子對設計師這三個字完全不感興趣的木工師傅、便當店老闆，或是當地的司法代書、旅館經營者、觀光協會職員，或是市公所職員、市議會議員、農業生產者，以及許多很難定義其職業、價值觀、生活模式的人，大家齊聚一堂。

但他們有個共通點，都是「希望把這個地區變得更好」、「希望改變這個地區」的人。這些人聚在一起，聽著一個人說話，得到刺激，彼此激盪想法，共度一段十分有意義的時間。

詢問參加者感想時，曾有人本來說：「不知道耶，今天那位設計師說的話我完全聽不懂。」但後來又說：「可是，他今天說的那個很有趣，好像可以參考看看。」嘴上說聽不懂，但我相信他確實獲得了一些靈感。

參加個一、兩次大概不會發生什麼太大的變化，若參加個一、兩年，或許就能引發一些化學效應。這座僅僅只有十二間客房的旅館，居然可以帶給此地區這麼多的可能性，可見，**旅館身為一個媒體，擁有的可能性是無限大的。**

Point 7 對於看不見的成本與風險，敏感度要夠

越是回應顧客的需求，越能減少廣告宣傳費

在日本，許多日式旅館都不喜歡連住客，甚至有些旅館拒收連住客。近來，對於連住兩晚OK，但三、四晚就開始「求饒」的旅館更是大幅增加。

為什麼會產生這種現象？原因出在餐點。由於日式旅館每天只能提供同樣的餐點，**所以一旦有客人連續住宿，他們就不曉得該怎麼準備了**。但看在連住客眼裡則是滿頭霧水，他們沒料到原來這世界上有只喜歡一次客上門的旅館。

這件事無論怎麼想，邏輯都不通。對旅館而言，客房是商品，一位客人住一個晚上，就等於賣出一件商品。若客人連住兩、三晚甚至一個禮拜，不就等於賣出六件商品嗎？**再加上如果對方成為回頭客，就等於省了一位客人的宣傳費**。

早期，旅館都是透過旅行社招攬客人，佣金為百分之十五。

隨著旅遊商品網路平台出現，有一段時間佣金曾降到百分之七，後來又慢慢上升，現在大約在百分之十上下，並有逐漸攀升的趨勢。參考目前國外網站的動向可推估，未來佣金可能會超過百分之二十。攬客管道轉換成網路之後，所需的廣告宣傳費用卻比「紙本時代」還高，這麼一來，許多飯店業者的住宿費用中，光是廣告宣傳費、手續費等相關費用加起來，很可能就會超過營業額的百分之二十。

這麼龐大的支出，對飯店業者當然是很大的負擔，大家都很希望可以降低成本，哪怕只有一點點也好，例如「盡量讓客人在我們的網站上預約」、「盡量增加回頭客」，但現實的狀況卻是，要他們替連住客準備餐點都做不到。若問：「那你們可以接受純住宿不用餐嗎？」他們的回答又是：「這我們也很困擾。」理由是單價會降低。

現在，任何一處觀光地區的店家或旅館，都把「集客式行銷」（Inbound Marketing）當成魔法咒語般掛在嘴上，彷彿只要念三次，外國客人就會蜂擁而來。

但實際上，他們不提供連續住宿，也不希望接純住宿不用餐的客人，這樣子光念這個咒語也沒用。

我們「里山十帖」最、最歡迎連住客了，也擁有許多喜歡連住五、六晚的客人。

一開始，為了減輕廚房工作人員的負擔，打算介紹住三晚以上的客人去附近的餐廳吃飯（就是後面 Point 9「創造市場的構想」章節中介紹到的雪國A級美食認定店），但沒想到，這些每個月必來連住三晚甚至五晚的客人，反而帶給廚房工作人員更多幹勁。

「這次X先生要來連住五晚喔！好，這次要端出什麼料理給他驚喜呢？」

看到他們工作時歡欣鼓舞的模樣，讓我深刻了解到，對旅館來說，回頭客有多麼重要。

而且這些連續住宿的客人幾乎都是透過我們的網站預約，理由很簡單，因為「只有你們的網站才有連續住宿專案」。大家去「一休」的預約網站看就很清楚，其實會利用一休訂房的，多是慶祝紀念日旅行或「關係特殊」的客人，所以絕大多數是兩天一夜的專案。

當然每位客人對我們來說都一樣重要，任何人來「里山十帖」都會受到同樣的款待。只不過，同樣是預約，透過自家網站和透過抽佣管道的客人，哪邊的人數比例多一些才能提升經營效率，答案應該很明顯了吧。

沒錯，**連續住宿會打亂旅館平時的作業流程，使勞動生產力下降**。但是，廚房應該是旅館中的創意部門，自家公司的創意人要是提不起勁，我們就不可能回應特定客層的需求。

如果以效率為優先考量，拒絕連續住宿的客人，自家公司網站的預約率必然會下降。旅館透過料理壓縮成本或許有它現實面的考量，但這麼做反而會導致惡性循環，一些看不見的成本如宣傳和佣金等，必然會壓迫到經營的利潤。

為了搏媒體版面

有些人認為：

「因為『里山十帖』有自己的媒體，所以才有那麼多客人上門。」

「你們做了很多宣傳，當然門庭若市啊。」

「果然經營旅館或觀光業，還是要多撥一點宣傳預算。」

的確，因為我們公司出版《自遊人》雜誌的關係，對「里山十帖」的攬客有加分作用。但光靠《自遊人》，並不可能讓只有十二間客房且位於新潟縣南魚沼市的旅館滿房。

一開始來的客人是透過《自遊人》得知沒錯，但後來的客人造訪「里山十帖」，都是因為前面客人的「共鳴的連鎖」。

我們上了許多媒體版面，也不是因為我們花了很多廣告宣傳費。大家如果看了第一章就知道，「里山十帖」根本沒有多餘預算用在廣告宣傳上。多家雜誌、電視台來採訪，也是因為「共鳴的連鎖」。很多媒體朋友都是實際來「里山十帖」住過之後，覺得「嗯，介紹這裡應該不錯」、「這裡挺新鮮的」，所以夏天過後，前來採訪的媒體才突然暴增。

不只是媒體朋友，我們也收過客人這樣的意見：

「聽到是重新翻修，我還以為這裡和其他旅館一樣，只是把大廳和客房的內裝稍微整修，然後把它照得好看一點而已，沒想到你們花了這麼大功夫，實在讓我太驚訝了。」

「在我的認知，重新翻修大概就是『補妝』而已，但我從『里山十帖』身上看到了好多可能性。傳統民宅改造過後氣勢十足，這我可以想像，沒想到連毫無不起眼的客房棟也可以有那麼大的變化。我想不只是旅館，這對許多一般木造住宅或老舊公寓等建物，都是很好的參考範例。」

「因為是重新翻修，難免有必須遷就、不便的地方，但老舊建築可以重生到這種地步，和其他同樣是翻修過的旅館很不一樣。而且，和新的建築物也不一樣。這裡的空間，就像是被某種溫柔的東西包覆般，非常不可思議，待在裡面真的很舒服。」

為什麼這麼多雜誌要刊登我們？為什麼許多回頭客願意再度光臨？我想很重要的原因是，我們提供各種生活提案引發社會「共鳴的連鎖」。當然，刊登在雜誌上時，主標題一定是打「絕景露天溫泉」，因為他們和我一樣，都知道「絕景露天溫泉特輯一定會大賣」。假如他們報導重新翻修的詳細過程，應該沒有人會想拿起來讀，我猜他們是想把這個「樂趣」留給實際來到現場的客人吧。

我常常在想，未來的企業應會受到更嚴格的檢視，亦即**「你們如何滿足社會需求」**。部分媒體或敏感度較高的消費者，已會從這個角度選擇採訪對象與住宿設施。這意味著未來社會將更嚴格地要求企業：「若對社會沒有幫助，你們就沒有存在的必要。」

提到企業對社會的貢獻，多數人腦中浮現的大概就是撿垃圾、辦活動這些眼見為憑的事。而且不可否認的，很多人認為所謂的社會貢獻就是「撒錢」。

我在新潟魚沼住了超過十年，我認為在鄉下地方，特別是觀光地區，對於這樣的思考極為薄弱——思考你在社會所處的位置、立場。亦即，從宏觀的角度思考設計出地區或社會的理想樣貌。為什麼這些地區即使領再多的補助金，樣貌依然沒有改變，甚至還持續惡化下去？原因只有一個，那就是太多人只關心自己的事和眼前的事。

想要上媒體也好、想要獲得回頭客也好、想要讓事業持續經營下去也好，你必須跳脫傳統事業計畫書的框架，開創嶄新的想法。

事業計畫書會妨礙思考的摧毀與重建（Scrap & Build）

在我經營公司二十五年的生涯中，**我覺得最沒用處的一個東西，就是事業計畫書。**創業初始，我讀了很多書，每本書都說「撰寫事業計畫書時，要考量三年後、五年後的未來」。

對缺乏創業經驗的我來說，撰寫事業計畫書確實對自我成長有很大的幫助。但是事業計畫書要交代許多瑣碎的數字，需要耗費龐大的時間，如果還考量到三、五年後那更是沒完沒了。我當初幾乎是不眠不休地，同時進行雜誌製作工作以及撰寫事業計畫書。

有件事我從未公開過，也沒人知道。我有一位朋友在剛就任某家上市公司社長時，我就賣掉了公司一部分股份給他們，成為對方的子公司（不過很久以前就解除這樣的關係，把股份買回來了）。

就在這段時間，讓我深深覺得撰寫事業計畫書是件多愚蠢的事。因為**時代的發展瞬息萬變，要預測幾年以後的事情，根本就是在「卜卦」**。為了讓自己預言的內容實現，只好刻意扭曲現實、自圓其說，這種做法我感覺不出任何創造性或生產性。

「里山十帖」沒有所謂的事業計畫書。當然，我們會決定營業額目標、勞動效率目標，但不會把它寫成「事業計畫書」這類的書面資料。**但相對的，我們公司對於當下的數字掌握，要求非常嚴格**。

當我們還是上市公司的子公司時，會計部門經理看了我們公司的試算表和財務報表之後，說：

「一間連會計部門都沒有的中小企業，而且還是對糊塗帳習以為常的出版業，居然可以做出如此正確的財務報表，真是不簡單。」

在我多年經營公司的經驗中，遭遇經營危機絕非一、兩次而已。每次我都深切感受到，**重點不是紙上空談的事業計畫書，而是當下的試算表**。當然，未來的事業企劃是必要的，但如果太固執於企劃，反會深陷其中，無法自拔。

「思考的摧毀與重建」。是的，事業企劃應該要不斷地摧毀與重建，因此我認為不寫成書面反而比較容易實行。

現在，隨著經濟學不斷發展，我們已經來到認為「萬事皆能預測」的時代，要是哪裡發生了意外，大家就會騷動地質問：「為什麼沒有事先預測到？」一旦出現虧損，大家就開始究責：「這應該事先預測到才對。」「預測功夫太差了！」彷彿人人都變成了評論家。然而，卻很少人具備投資家或企業家的眼光，總是不敢冒風險，每個人都選擇安全的方向走，也就是往別家公司成功的方向擠，使得一個市場在短時間內就被啃食殆盡，經營手法當然很快就變得陳腐。

以「里山十帖」為例，我們在接收設施的時候，也常被人指責：「你們檢查設備的工夫實在太馬虎了。」若讀過我在第一章寫的體驗記，應該也有很多人會產生同樣的感覺吧。「為什麼沒事先預測到這些狀況」、「事前如果檢查仔細點，事後就不用這麼痛苦了」，大概都是這類的指責。但如果我真的檢查得這麼仔細，恐怕就沒有現在的「里山十帖」了，或者當我被銀行告知「你們公司不出三個月就會倒閉」時，可能就會心生膽怯、中斷作業，結果就真的再也站不起來了。

預測、計算風險很重要，但若把它當成下決定時的第一考量，就無法產生新的價值。因為，如果什麼事情都能被預測，那就不需要經營者，也不需要設計思考了。

Point 8

錄用人才的關鍵字也是「共鳴」

透過一般徵才管道，很難找到對的人

我們從二〇一二年接收旅館時，就一直為了聘請廚師這件事傷透腦筋。一開始，我們以為在求職中心刊登職缺，應該就會有不少人來應徵，但怎麼等也等不到人。就算偶爾有人來應徵，只要我一提到理想中的料理內容，對方就會馬上回答：「我放棄。」來應徵的廚師，幾乎都是在日式旅館有過廚房經驗的人，對這些已經習慣「日式旅館料理」的廚師來說，我的要求實在「太麻煩了」。

因為我理想中的料理不是「日式旅館料理」，而是講究自產自銷、全新風格的料理。是希望可以讓人感受到土地的力量、發揮食材原味的料理。若把我這時腦中的想像化為文字，最接近的應該就是「自然派日本料理」。

和有名的京蔬菜、加賀蔬菜相比，新潟的蔬菜可說是默默無名，但其實新潟的傳統蔬菜和山菜十分豐富，還有保存特有的食文化像是麴漬、鹽漬、乾燥等等。而且新潟還有魚沼產的越光米。我希望將這些食材及區域的飲食文化融入，推出一個全新的「地方飲食」。除此之外，我還告訴來應徵的廚師，在調味時一定要使用傳統的調味料，不可以使用上白糖或化學調味料等添加物。

我原本以為，既然我在原料費上比別人更捨得花，調味料或高湯的品質不僅和東京、京都料亭同等級，有些甚至更好，也允許廚師多花一點時間製作料理，這樣應該會吸引一些在傳統日式旅館做膩了的廚師前來應徵，即使不是蜂擁而至，至少也會有零星的人來應徵才對，但現實和我想像的完全相反。

其實仔細想想也不難理解。如果是在箱根或伊豆，可能還有希望徵到人，但會來新潟而且是魚沼找工作的廚師，《自遊人》絕對不是他們感興趣的雜誌。更何況，我是用前旅館的名字徵才，大家對我們公司的理念和歷史根本一無所知。

在這種情況下，想要遇到有心加入我們的廚師，只能靠「機率」了。但來應徵的人原本就很少，所以遇到絕佳人選的機率近乎於零。

鄉下地方的「和食師傅」現況

「和食」已被聯合國教科文組織登記為無形文化遺產，日本也被世界各國認為是「美食之國」，讓許多歐洲主廚爭相研究日本料理的精髓。然而相較之下，日本料理的廚師卻越來越少，想在鄉下聘請日本料理廚師更是難上加難。

被聯合國教科文組織登記為無形文化「遺產」，是很值得高興沒錯，但若看到和食逐漸成為逝去的遺產，這樣還高興得起來嗎？這種心情真的很複雜。

為什麼會變成這樣？原因就是**想成為和食師傅的人越來越少了**。在餐飲學校，最受歡迎的科目一定是義大利菜或甜點，很少聽說有年輕人想學日本料理。另一方面，隨著東京和京都的米其林指南出爐，餐廳商機瞬間爆發之後，只要是技術高超的廚師，便會有贊助商自動找上門來，全世界都掀起一股日本料理熱潮，不只在國內，連紐約、倫敦、香港等海外也都在對這些人才招手。

我們在找廚師的時候，熟識的日本料理店老闆們都口徑一致地對我說：

「說實話，要找到一個符合你的要求、廚藝扎實的年輕人，一般的薪水是請不起的，日式旅館更不用說了，不可能付得起這樣的薪水吧？」

還有某位料理研究家說：

「你想一想，東京、京都那些技藝高超又擁有世界觀的日本料理店，有多少日本人會去吃，有些人一輩子可能都還吃不到一次。日本人最熟悉的日本料理，就是在日式旅館吃到的那種。簡單來說，很遺憾，對吃的人或做的人而言，所謂的日本料理就是『日式旅館料理』。所以你要找日式旅館廚師可能還找得到，要找日本料理的廚師，那可就難了。」

某位義大利料理廚師則說：

「在義大利或法國，到鄉村地區開餐廳是很正常的事情，無論是義大利或法國料理廚師，很多人心中的願望就是『總有一天要去鄉下開間餐廳』。但日本料理沒有這種文化，而且會說『總有一天要去鄉下開間餐廳』的人，多半是『回自己的家鄉開餐廳』。所以，找魚沼出身的廚師會變成你的先決條件，這麼一來，難度自然大幅提高了。」

自己站上第一線，引發「共鳴」

既然如此，我們便選擇另一個戰略——「自己來」。

大部分的人聽到這件事都十分驚訝：

「你們公司裡面有廚師嗎？」

「沒有。」

這時他們就更驚訝了，臉上的表情彷彿在說：

「哪有這種事，這不是在開民宿耶，你們到底都端出什麼樣的料理？」

我們的戰略是「撒餌」

「這裡的人，似乎無法理解我們想做的那種全新風格的料理，但我們又不希望在找到理想的廚師之前，暫時提供傳統的日式旅館料理應付了事。既然如此，不如在我們技術能力做得出來的範圍內，實現我們理想料理吧。久而久之，一定會有人主動上門應徵，說：『這我做得出來。』『我也想做這種料理。』」

我們從二〇〇〇年開始經營食品販售業「Organic Express」，至今已有十多年了。

雖然我們並非專業廚師，但對於食材與調味料的理解程度已稱得上是專家，而且我們有許多擅長烹飪的員工。不管是我們自己網路上放的料理圖片，或是替別家公司製作用來當作目錄照片的料理，從做菜到擺盤我們都很有經驗，所以做菜這件事，我們並不太擔心。當然，做出來的料理距離理想或許還有一大段距離，但比端出日式旅館料理給客人已經好上數倍了。

後來，如同第一章所描述，我們終於遇到了現在的創意主廚北崎裕。而且，不只是他，之後也陸陸續續有好多人主動來應徵說：「我想在這裡工作。」

不是「待命式工作」而是「多重任務工作」

我們錄用的服務人員來自全國各地，他們都是因為對「里山十帖」的想法產生「共鳴」集結而來，其中有外商公司的口譯人員、豆腐老店的第三代、大型通訊公司的人才教育部門、餐廳老闆。我們的成員非常多元，和一般日式旅館的服務部門很不一樣。此外，原本在《自遊人》工作的編輯或食品販售部門的員工也是臥虎藏龍，有外文很強的、數學系出身的、美術大學出身的，全都是有一技之長的專才。總經理則是曾在外商公司經營城市飯店，進入《自遊人》之後，曾擔任食品的企劃和採購。

「日式旅館的服務是很特殊的，你們團隊裡面一個相關經驗的人都沒有，居然還可以營運得這麼好。」

熟知日式旅館經營的人曾對我這麼說。我心想，**正因為他們都是「缺乏相關經驗」的人，所以「里山十帖」才開得成**。傳統日式旅館的工作相當特殊，我認為，這正是妨礙日式旅館近代化的一大障礙。

通常，旅館服務人員的工作時間是從早上六點開始，準備早餐和配膳，直到十點或十一點客人退房為止，工作四個小時。之後休息，直到下午兩點到三點客人登記入住的時間再回到崗位。一天工作結束的時間，是客人用過晚餐後的八到九點左右。一天中會有四到五個小時的休息時間，也就是所謂的「待命式工作」。雖然算起來工作時間只有八小時，偶爾加班會多一到兩個小時，但受拘束時間從早上六點到晚上八、九點，實在太長，這就是為什麼每間日式旅館都留不住服務人員的原因。

不僅員工留不住，想要找到願意做這行的優秀人才，也是難如登天。而且時常找不到人輪班，所以如果是家族經營的旅館，自家人常常要從早上六點做到深夜，甚至得通宵，如果是經理人經營的旅館，員工更必須時常犧牲休息時間工作。

其實，現代的日式旅館服務風格，是建立於一間房住四到五人的團體旅遊興盛時期。如同我在第一章所提，若每位工作人員的平均生產力不夠高，根本無法支撐旅館經營。但隨著勞動法規日趨嚴格，以及「小費」制度瓦解之後，傳統的「款待」模式，對旅館經營而言，可以說已經變成一種折磨。

為了解決這個問題，先進一點的旅館會把班表分成早、午、晚班，並提供午餐服務。也因此，最近越來越多日式旅館開起了咖啡廳、餐廳。例如，早班人員只要從早餐工作到午餐結束，晚班人員只要從下午的咖啡廳開店時間工作到晚餐結束即可等等，加入新的業務，就可以填補待命式工作的空缺時間。

而位於比較深山、沒辦法開設餐廳的日式旅館，則須採用別的方法。

一般來說，在這樣的旅館，打掃工作都是交給專業的時薪員工或外包。但由於打掃時間剛好是正職員工的休息時間，因此有的旅館會不區分服務人員和打掃人員，採用一人做兩種工作，也就是多重任務的制度。他們把工作人員分成兩批，一批從早餐到打掃時間結束，另一批從打掃時間到晚餐結束，也就是藉由早、晚班制度，填補空白的工作時間。

我們「里山十帖」設定的目標類似這一種，也就是**沒有空白時間的早晚班輪班制**。

在我們這種地方，即使開設咖啡廳，也無法期待平日會有客人上門。因此，我們選擇了配合打掃時間的早晚班制度。

對那些習慣傳統日式旅館女管家制度的客人來說，來住我們這種輪班制的旅館一定很不習慣。

「從登記入住開始，到晚餐、早餐為止，我希望都是由同一位女管家服務。」很遺憾，我們無法滿足這樣的要求。

而且我在想，日式旅館未來必定會面臨員工難尋的狀況。

「我想提供客人新的體驗與發現！」

「希望讓客人打從心裡真正獲得放鬆。」

在未來，無論是旅館經營或觀光業，乃至於地區發展，都必須努力吸引有這些想法、充滿熱情的年輕人聚集而來。

所以，還請客人多多包涵了。

待命式工作與多重任務工作的比較

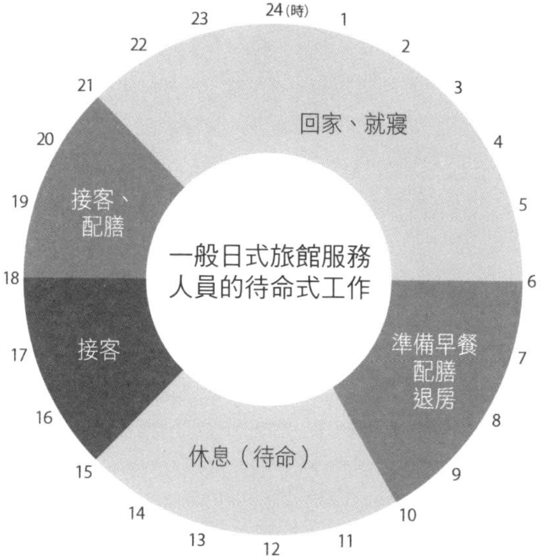

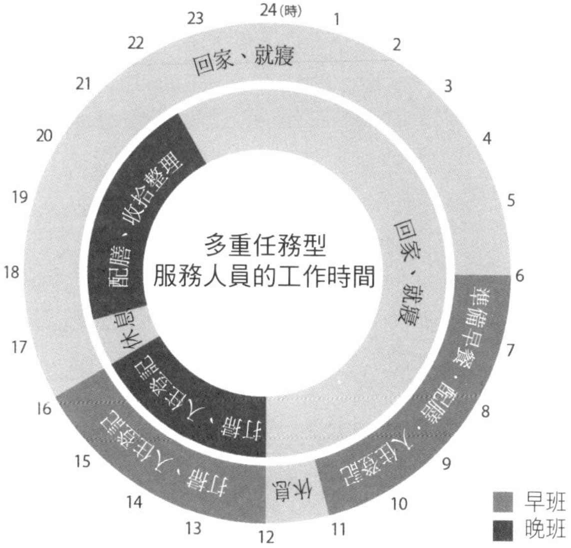

Point 9

創造市場的構想

地方B級美食、吉祥物熱潮別盲目跟隨

這幾年，各地方政府為追求有故事的商品，都十分熱衷「開發新的B級美食」。我並不反對透過B級美食振興城鎮，但是假如全國每個地區都依樣畫葫蘆，那不知道要畫幾十個葫蘆才夠。把一個當地沒那麼有名的食物捧成在地美食，或是募集新的點子，創造出在地美食……大家一窩蜂地這麼做，真的有效嗎？當然，這些活動對於「團結商店協會」、「提升地方青年團體士氣」等組織營運方面，有一定的好處，但能否因此創造出「有故事的商品」，則是有待商榷。要是創造的在地特色完成度不高，很容易流於短暫熱潮，想要藉此活化城鎮帶來長期性的貢獻，機率其實不高。

地方吉祥物也是一樣。雖然有些人認為：「只要把地方吉祥物培養成熟，就會像『熊本熊』、『船梨精』一樣爆紅。」殊不知，「熊本熊」的效應可以擴散開來，是因為他們的策略運用得當，至於「船梨精」，是因為角色個性鮮明，與其他縣市的吉祥物區隔性很大。老實說，這兩隻吉祥物都是透過專家的手法塑造出來的（算不算職業上的專家就另當別論），並非一般人能輕易模仿。

農產品品牌化也是一樣。通常，地方農產品品牌化只是命名，然後製作當地吉祥物，也就是說，整個流程已經定型化為命名、做商標、決定當地吉祥物。然而，重點不該是一味追求品牌化這個虛名，應該先搞清楚這個商品是為了滿足誰的需求，以及以什麼為目標才對。

品牌化是什麼？查字典就一目瞭然。**品牌最重要的就是品質，品質擺第一**。就像各家企業的研究開發室日以繼夜開發新技術、互相競爭般，農產品也應該像這樣，把如何製作高品質的農產品視為優先考量。當然，各地的農業試驗所確實正在這麼做，也有不少個別的農家追求這樣的目標。如果只知一窩蜂打造地區品牌，反而會使該地區所有的農產品，不管品質好壞通通被綁在一塊，其實這才是最應該被重視的問題。

另外還有一個問題，就是當農產品品牌化以及在地美食、吉祥物無法發揮振興地區的功效時，**責任歸屬並不明確**。

企業在從事某項事業時，一定會被追究成果，除了營業額之外，公司知名度是否提升、品牌力是否增加等也都會受到檢驗。其結果的好壞，也會影響到負責人的待遇。相較之下，我從未聽過負責城鎮振興部門的部長或課長因為推廣失敗負起責任辭職的例子，甚至連降級都沒有。

一般而言，品牌化的過程至少要花三、五年的時間，屬於中長期計畫，但行政主體受限於每年度的預算，很難考慮到品牌化這種中期性計畫。

從觀光圈的演講出發——雪國A級美食計畫

都市人對鄉下村落的印象多半是「大家好像感情很好，總能和平相處」，或許真是如此吧，但若是觀光地區可就不同了，尤其在這住宿人數減少、客單價滑落的現況下，不是搶客人就是客人被搶走，大家為此爭吵不休，對彼此的成見也越來越深。

只有在一年一度為了凸顯地方魅力的活動上，大家才會稍微團結，但要大家好好坐下來用長期性眼光制定區域性戰略，並不是件容易的事。即使大家都同意「必須要做點什麼」，但一談到細項，大家的價值觀就會出現很大的差異，難以得到共識。當觀光業興盛的時候，區域的團結比較容易，但現在對觀光業來說，唯一比較利多的消息，大概只有入境人數（訪日外國旅客）增加這點。

即使如此，訪日外國旅客的人數，目前也才剛超過一千三百萬人。即使是東京奧運開幕的二〇二〇年，目標旅客人數也才兩千五百萬人。以住宿人次來看也是，國內一年的住宿人次為四億六千五百九十萬人，其中外國旅客目前為三千三百五十萬人，以市場來說只占百分之七（二〇一四年，觀光廳住宿旅行統計調查）。全國觀光地都想搶食這一小塊餅，如果沒有擬好戰略，一定搶不到。

「雪國A級美食」就是在這麼嚴峻的狀況下誕生的計畫，**我們的目標是，讓遊客重新認識這個地區的魅力**。其中「A級」的命名，是刻意與B級美食做對照，但意思並不是指豪華食材或高級餐廳料理，而是「希望能『永久』留在日本的味道」。

這件事起源於二〇一〇年十月，當時我曾在一個雪國觀光圈（屬於大範圍的區域性觀光圈）的讀書會上演講，現將該演講的內容摘要如下。

希望能永久保存下去的味道就是「A級美食」

● 日本各地正透過B級美食進行城鎮振興。而在這個地區，也有些人覺得「用B

級美食振興城鎮是很好的選擇」。

● 「便宜又好吃」的B級美食與大量進口便宜麵粉的戰後飲食文化，兩者有很強的關聯，比如從中國撤退回來的人引進了煎餃和拉麵等新食物。俯瞰B級美食，盡是「進口麵粉的文化」。

● 研究B級美食的起源就是回顧戰後的歷史，這一點非常有意義。但是我們這個區域很特別，是全日本少數還保留濃厚和食文化的區域，我們應該把這個區域的飲食文化視為觀光資源，彰顯它的存在才對。

● 相對於B級美食，什麼是我們想永遠、「永久」保留下來的日本味道？我思考了很久，認為只有一個答案，那就是米食文化。讓日本引以為豪的米食文化成為「A級美食」，把它做為區域改造的象徵，大家說好不好？

觀光應該與農業合作，合作是讓全區域同時受惠的關鍵

● 欲讓傳統飲食文化成為觀光焦點，重點在於如何找回區域農業的活力。日本全國觀光事業者與農業生產者之間，尚未建構良好的關係，我們這個區域也是一

樣。

- 現在，翻開任何一份旅行目的調查資料，「食物」幾乎都是排名第一。我們這個區域不是只有越光米，也有許多被保留下來傳統蔬菜，還有日本酒、味噌、發酵食物、保存食物等，這些寶貴的飲食文化在日本早已如風中殘燭，卻在我們這裡被留存下來了。根據調查結果顯示，以區域的飲食文化為賣點，很有可能是區域再生的關鍵。
- 但現狀是，我們這個區域的部分日式旅館、飯店並沒有使用越光米。很多人說，放眼全國的旅館飯店，沒使用越光米是很平常的事，但我認為這對旅行者是很嚴重的背叛行為，總有一天會得到報應。
- 假如，**觀光業困境的解決之道是「區域的飲食文化」**，那麼農業生產者必能因此受惠。**觀光與農業應該密切合作才對**，這才是讓區域「永續發展」的重要關鍵。

跳脫空有口號的「自產自銷」吧

- 在觀光地區，很多人把「自產自銷」喊得震天價響，實際上卻是空有口號而已，土產店裡賣的土產，很多原料都是外國進口，日式旅館用的食材就更不用說了。例如，全國各地都在賣的山菜蕎麥麵，上面的山菜很多都是中國產的，或者醃漬物的原料都是外國產的。現在，食物的產地標記以及原料標記規定一年比一年嚴格，所以我們這個區域應該要趁這個機會，領先其他觀光地區，提供真正在地生產而且只有這裡才吃得到的食材。

- 但更大的問題是，日式旅館或餐廳的廚房根本不知道自己用了多少比例的當地食材。現在這個時代，蔬菜或魚都是透過中央市場流通，廚師向菜攤或魚販訂購的青菜或魚，到底產自何處，大家都搞不太清楚。大家應該先從檢視自己經手的食材做起，認清楚這些食材的來源才是。

目標是農商工真正的合作

- 假使這個機制可以運作順利，那麼不只觀光、農業，還可以為區域的農產品加工業者或食品加工業者創造新的商機，達成農工商真正合作的目標。
- 國家推動農業生產者的六級產業化[註]，邏輯上看起來立意良善，但要讓農業生產者兼做食品加工，理論上應該是行不通。農業生產者本來就應該專注提升農業技術，加工和流通是另外的專業，應該交由加工業者和販售業者做才對。

- 雪國A級美食若真的能夠運作下去，區域內的農產品價格就能提高，對農業生產者來說將受惠良多。另一方面，對觀光事業者或加工業者而言，農產品可以吸引觀光客，即使農產品的價格稍微貴一些，也不會影響經營。換言之，三贏。

自己這麼說有些不好意思，這場演講最後是在大家熱烈的反應中落幕。因此，我決定打鐵趁熱，立刻啟動雪國A級美食計畫。

註：農業經濟學者今村奈良臣創造的名詞。在過去，農漁業被分類為第一級產業，食品加工為第二級產業，流通販賣為第三級產業，所謂六級產業化是指，從生產、加工到流通都是以農民為主體（1＋2＋3＝6），讓農民可以獲得商品的附加價值，進而活化農業。

唯有自主、持續地辦活動，我們才有未來

所謂的雪國觀光圈，包括新潟縣的魚沼市、南魚沼市、湯澤町、十日町市、津南町五個市町以及群馬縣水上町、長野縣榮村，合計七個市町村，大家連成一氣，成立區域型合作觀光圈，並在二〇〇八年國土交通省觀光廳剛成立時獲得認定。

這麼描述，感覺似乎是個預算規模龐大的國家級計畫，事實上整體觀光圈的預算，比一個市町村的觀光協會還少。雪國A級美食在還沒有充分準備下，我們就決定展開計畫，想當然爾，分到的預算幾乎是零。既然如此，為何我們仍執意推動？只能說，全憑大家一股熱烈的情緒和氣勢。

但第二年以後，連我們也無法保持樂觀了，因為一些最起碼的執行預算一直湊不出來。每次和觀光圈工作人員討論到這件事，得到的回應都是，由於整體預算規模太小，能分給雪國A級美食的經費很少，少到甚至連一個年度的事務聯絡費都不夠支付。即使如此，我們仍堅持繼續下去，因為我們感受到了參加人員展現出的強烈意志，希望「大家一起來改變地方」、「把這裡變得更好」。

就在此時，我發現一件事：

「雪國觀光圈的強大之處在於，我們不靠政府預算，而是自主性地辦活動。」

我們的預算雖少，但至少還分到一點。有些人認為「預算應該花在更有用的地方」、「預算應該用在別的地方」，但最多人反應的則是「預算的使用方式欠缺公平性」。

雪國觀光圈的範圍很廣，橫跨七個市町村，但這個計畫的效果不可能雨露均霑地遍布各市町村的各產業業者。想要讓整體區域同時獲得提升，在這個時代是不可能達到的。我想來想去只有一個方法，就是讓跑得快的人先走，然後登高一呼，跟大家招手說：「來，往這邊走！」

因此，在雪國A級美食的計畫中，我們採取**極為嚴格的加盟標準**。

首先，欲加盟者必須清楚掌握自己經營的餐廳或住宿設施所用食材的產地。以消費者的角度來說，這是「理所當然」、「很簡單，應該要做到」的事情，但對那些青菜是跟果菜業者訂購、肉是跟肉店訂購，而且大量使用半成品或加工食品的日式旅館或餐廳而言，想要弄清楚這些食物的來源，是一個很高的門檻。光是這一點，可加盟的店家就大幅減少了。

接下來，我們又訂了一個更高的門檻，必須使用當地產品超過百分之五十的比例。

由於加工食品的原料幾乎都不是當地生產，許多餐廳若想達成這個標準，甚至必須更換進貨廠商。

除此之外，還有一個最嚴格的門檻，即做菜時不可使用含化學調味料的添加物。理由很簡單。**雪國A級美食這個計畫，是為了活化觀光以及增加農產品的附加價值。**農產品的附加價值應該以「味道」為第一考量，因此生產者必須思考怎麼「提升味道」。換句話說，他們製作的料理必須要能品嘗到蔬菜細膩的味道。再怎麼美味的蔬菜，一旦摻入重口味的化學調味料，味道一定會被壓過去。

雪國A級美食有分一星到三星，星星數的認定標準是根據店家從農產品到調味料上，使用了多少比例的當地產品，以及透過什麼方法與農業生產者緊密合作（比如說採取契作模式，讓農民可以得到穩定收入），還有就是最重要的味道。

二〇一一年五月，雪國A級美食第一次發表認定店，隨後慢慢地滲透到各地區。但由於對觀光事業者的宣傳不足，認定店的數量每年只有少許成長，直到二〇一五年四月，總共有九間住宿設施、十六間旅館、十三件加工食品獲得認定。

夢想是把雪國A級美食發展成日本A級美食

在雪國預算有限，A級美食計畫只能一步一腳印地慢慢前進，不過令人欣慰的是，除了雪國之外，我們也看到類似的計畫在全國各地萌芽。

二〇一三年，我在島根縣邑南町一個社區參與式「邑南A級美食」工作會議上擔任主席。邑南町在石橋良治町長發起「A級美食立町」計畫後，整個町的人都開始積極推動A級美食。但是他們的「A級美食」認定標準太過曖昧，導致農業生產者、工商業者、行政機關之間的認知出現落差。我的任務，就是針對農業生產者、加工業者以及居民們對於「A級美食」的想法加以整理，然後替農產品、加工食品、餐廳制定認定標準。這個會議每個月舉辦一次，每次都是盛況空前。其中最令我印象深刻的一點是，有許多居民是以委員的身分前來參與。

我現在在各地演講，宣導A級美食計畫的好處，也聽到越來越多聲音表示：「我們這裡也想發起這樣的計畫。」

從雪國A級美食發展成日本A級美食。若這個活動可以持續推動下去，不僅會讓我很有成就感，也會讓我更加相信這是一個非常有意義的計畫。

Point 10 帶入「年輕人的力量」以及「外部的力量」

產學合作企劃的過程

「里山十帖」的建築設計，基本上全部出自於我之手，十二間客房中，只有兩間是交由外面的人設計。其中一間，**是由我的母校武藏野美術大學工藝工業設計系室內設計研究室，名叫有志的學生設計的**。

「里山十帖」翻修的時候，我跑去找了室內設計研究室的伊藤真一教授。伊藤教授是我大學時代的同學，他聽了我的要求後回答：「這真是太棒了，學生可以看到自己設計的客房實際成形的樣子，這是很難得的經驗，請務必讓我們做。」

很多客人以為「里山十帖」的客房棟是全新的建築，其實它是屋齡超過二十年的木造建築。它原本像民宿一般地簡樸，後來我只留下主體結構，將牆壁、地板、天花板全部都拆掉，然後充填斷熱材，再重新釘上新的牆壁、地板、天花板，打造出一個全新空間。我先帶學生看過房間牆壁、地板、天花板全部被拆掉的狀態，然後請他們著手設計室內裝潢。

學生的提案計畫中，蘊含許多嶄新想法，非常具有未來性。這點用語言有點難以說明，請大家實際來住一次就知道。學生們不只做出室內空間的設計，還包括創意家具的提案，比如說床和沙發可以一體化也可以拆開。

這些學生可能自己沒發現，但我和伊藤教授都看出了他們設計中的潛力。他們設計的床，未來很有可能用來做為照護用的床。一些只能躺在床上不便行動的老人，可以躺坐在一旁的沙發，眺望景色、閱讀。此外，老人也可以坐在沙發上讓人擦拭身體，或方便更換床墊。我從學生的創意中，感受到這些設計蘊含著嶄新的可能性。

傳統織物與學生的合作

「里山十帖」所在的新潟縣南魚沼市（舊塩澤町），是被登錄於聯合國教科文組織無形文化遺產的越後上布的生產地。現在，聯合國教科文組織把做為日本傳統織物代表的小千谷縮．越後上布以及結城紬，都登錄為無形文化遺產。越後上布和小千谷縮是日本首次獲得登錄、擁有極高文化價值的織物。

除了最著名的越後上布和小千谷縮，還有各種織物文化都是生根於新潟縣。可惜現在除了少數織物獲得較好的保存，其餘大多逐漸消失。其實，只要回顧雪國新潟歷史，就可了解織物、製衣這一連串與冬季息息相關的產業，是非常重要的新潟生活文化。

而我們想要做的，就是**與傳統織物的合作**。

我們的想法是，先從容易處理的棉織物開始，試著做出原創商品。和幾家織物商接觸過後，決定與擁有一百多年歷史的**新潟市「龜田縞」這家織物商，進行共同開發**。

龜田縞是一種非常強韌耐用的棉織物，通常使用在農作服。早期電影中，農村婦女穿的那種勞動用褲子，上面的紋路就很像龜田縞。

我想試著讓學生設計這種紋路，於是**前往武藏野美術大學工藝工業設計系紡織品研究室**，找鈴木純子副教授商量。

很多人聽到紋路設計，可能不太清楚是什麼意思。簡單來說，一些看起來很單純的紋路，只要稍微做一點變化，就可以變得很有特色，比如大家都很熟悉的蘇格蘭格紋（Tartan Check）。在發源地蘇格蘭，這個紋路表示家族的地位，還有一個負責的機關蘇格蘭格紋註冊局（Scottish. Register of Tartans）專門登錄這些格紋。順帶一提，我們熟悉的伊勢丹格紋也被登錄在這個機關。

過了半年左右，受委託的學生們提出了兩種紋路給我，一個是以斑馬為主題的紋路，另一個同樣以動物為主題，是歐卡皮鹿圖案的紋路。同時，他們還做了一個提案，希望把這些圖案用在館內服上，甚至可以做成棉被套、枕頭套、抱枕、托特包等。

二〇一五年四月，學生提案還在重複進行實驗階段，到底能不能做出既不破壞傳統織物形式又能創造新價值的提案，我們和織物商都對這些學生寄予很大的期望。

與藝術家的合作

「里山十帖」不僅和美術大學進行產學合作，也積極地和各界藝術家聯手出擊。

日本對待藝術的方式可說非常貧乏，展示藝術作品的地方除了美術館和畫廊，其餘幾乎都是公共設施。藝術市場也是，藝術幾乎都是收藏家在收集，特別是現代藝術，很少人會把它帶進生活空間。

不管任何一個時代都會存在這樣的看法：「藝術太過高尚，只有擁有特殊感性的人才能理解。」正因如此，才導致藝術遠離生活。你看那些去畫廊或美術館的人，是不是總皺著眉頭、雙手交叉胸前地盯著作品瞧。

其實，藝術絕非艱澀難懂或特別高尚的東西。就增添人類豐富生活與色彩這點而言，它應與食物或家具並列。從這層意義來看，一些被稱為美術品或藝術品的作品，像炫耀一般被擺放在玻璃櫥窗內或白立方畫廊（White cube）內展示，實在是非常滑稽的一件事。因為所謂的藝術作品，必須和空間互相調和才有意義，也才能帶給大眾新的發現與感動。

「里山十帖」內展示著幾項現代藝術品，上面不僅沒附解說，連作品名稱和創作者名字也沒寫。其實一開始我們曾和藝術家討論過：「是不是寫上作品名稱比較好？」但每位藝術家都說：「不需要，沒關係。」

真的很神奇，現代藝術只要標示作品名稱，對看的人來說，它就會變成一件「高尚」的東西，教人又不自覺地雙手交叉胸前，思考起作品名稱的意義。但若少了作品名稱，反而就可以自由地去感受它，產生不同的印象。

比如說，在進玄關的地方，我們擺放了雕刻家大平龍一的巨大木雕作品。有些人會因為它壓倒性的魄力感到震撼，也有些人完全沒反應。連結迎賓棟和客房棟的走廊上，**雕刻家柴田鑑三的作品則**和建築物完全融為一體，他使用一種叫聚苯乙烯的斷熱材料，以手工方式加工，是一件非常漂亮的作品。當我們引導客人去客房時，有些人會停下腳步觀看，但也有些人不會。

有人甚至會誇張地大喊：「哇！這是什麼東西！」也有人毫無反應地通過。

當然，停下腳步的客人，我們會做簡單的解說，只是我在想，假如我們把作品名稱放上去，應該絕大多數的客人都會停下腳步觀賞吧。其實，藝術很講究對味，當遇到藝術品和自己的感性來電，人自然會停下腳步，反之則是若無其事地經過。不要因為別人感到驚訝，就勉強自己也要感到驚訝，這麼做並沒有意義。

這條走廊，客人會在入住登記和退房、吃晚餐、吃早餐時通過，最少六次，每次經過，打在作品上的光線都不同，作品呈現的感覺也不一樣。如果有客人可以感受到這些變化，我們也會很開心，不過有些客人要等到隔天早上才會發出讚嘆聲，大概早上的時候心情比較放鬆，比較能感受到作品的美吧。

與品牌的合作

十二間客房中，只有一間是請外面的設計師設計，也就是「room 204」，設計者是年輕的建築師海法圭。這是一間小巧但應有盡有的房間，分成寢室、起居室和半戶外起居室三個空間。我自己是喜歡「房間不用太大」的人，海法先生很專業地透過精密的計算，設計出一個適合日本人的規格，雖然空間小小的但感覺很舒服。一間客房卻包含三個體驗空間，難怪 room 204 是最多客人反應「我想住在這種家」的房間。

除此之外，我們還和「MARGARET HOWELL HOUSEHOLD」[編按]合作，把 room 204 變成它的展示空間。「里山十帖」不僅是「本地區的展示間」，同時也是「生活風格的展示間」，換言之我們的客房就是食衣住的提案空間。

從二〇一四年八月八日到九月二十三日，家具、備品甚至點心和茶葉都是使用 MARGARET HOWELL HOUSEHOLD 的產品。由於大受好評，這項活動還延長到九月三十日。展覽會期結束後，我們大部分的備品仍繼續沿用它的牌子。

「里山十帖」還有一個特色，就是有一間展示著名家具與雜貨的生活風格提案商店。主要展示丹麥、美國、日本的家具，特別是丹麥的 PP Mobler、Fritz Hansen，以及日本宮崎椅子製作所的產品。我們還企劃了商店相關活動，像是家具使用以及保養方式的講座，未來並打算邀請家具設計者和生活工藝作家前來演講。

這些特色一個一個分開來看，不過是單純的產學合作、單純的活動、單純的設計、單純的食物提供、單純的空間提案而已，但它們其實衍生自相同的主題──「如何過真正豐富的生活」，怎麼做才能把這些串聯在一起，是我們覺得非常重要的一件事。

好幾位來過「里山十帖」的藝術家和設計師都異口同聲地說：「沒有編輯，絕對打造不出『里山十帖』這樣的空間。」換言之，這個空間是由各式各樣的元素編輯構成。這句話對我們來說真是最棒的讚美。未來，我們還會持續進行各種編輯，不斷打造令人耳目一新的共鳴媒體。

編按：Margaret Howell 為英國設計師 Margaret Howell 於一九七二年創立的同名品牌，其經典簡約的風格與質樸的用色皆讓人著迷，在服裝的表現上 Margaret Howell 重視布料品質及良好的剪裁，並將英國的傳統工藝及風格融合在創作中，這份精神也徹底注入品牌的每個角落。近年推出的實木傢俱及器皿等居家產品，透過精湛的設計以及嚴格的材質選用，不僅體現品牌質樸洗練的風格，也傳達著設計師對理想生活的追求與熱愛。

上：龜田縞計畫的參與者　下：正在做簡報的美術大學學生

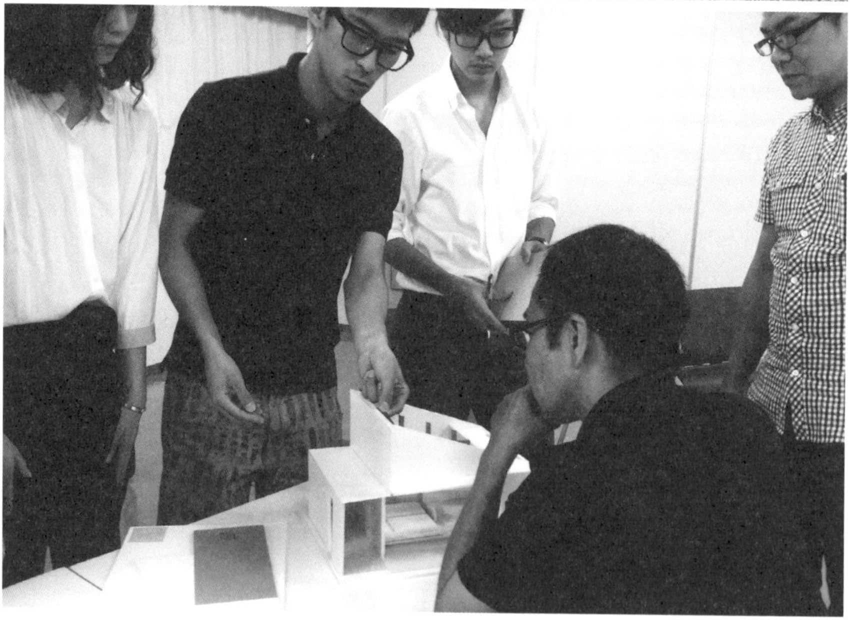

後記

Social・Line・Design

「岩佐先生的職業是什麼？」

我最近很常被這麼問，但不好回答。

我在「里山十帖」做建物設計規劃、菜單開發、器皿搭配，還有館內指示牌以及印刷物的指導，但這麼說明太麻煩了，所以我給自己冠上了「創意總監」的頭銜。不過就整合各種元素、打造新的價值觀這點來看，也可以說是「編輯」。

那麼，我們公司究竟在做什麼工作？我們把它稱做「Social・Line・Design」。

所謂的 Social・Line・Design 指的是連結世界上的物與物、人與人，打造新的價值觀，也可以把它稱為「共創設計」。事實上，我們在「里山十帖」確實結合了各種元素，做出許多創新。我們公司最主要的食品事業，便很努力地開發各種新商品、創造食品前所未有的價值，並結合生產者與工廠，產生各式各樣對社會有幫助的附加價值。

「共創設計」並非做出什麼新的發明取得專利，也不是用最先進的技術製造東西，所以很容易讓人以為這件事沒什麼了不起。也因此，這種結合各種職業與價值觀以產生新價值觀的「共創」，很少人願意投入。

進一步來說，我認為很少人投入的原因是：「隨著專業分工化的進展加速，大家的專業意識越來越強烈，因此產生了弊害。」大家回想一下，「現在已非通才，而是專才的時代」這樣的觀念流行多久了？的確，對自己的工作感到自豪、提高專業技能很重要，但我也認為，對於專才信仰過度偏頗，反而會限制專才往橫向發展的可能性。

我本身畢業於武藏野美術大學，專攻室內設計，在學期間也當過設計師，獨立開業。後來會跑去做編輯，是因為我對自己的設計能力沒有信心，知道自己可能無法成為一位好的設計師。不過最大的關鍵還是，年輕時曾有某人向我提出建言：「你比較適合當編輯，勝過當設計師。」為什麼我適合當編輯？他說：「因為現在懂得把設計、藝術、攝影這些藝術領域與文字世界做連結的人才很少。」我現在仍記得很清楚，當時的我聽到這番話的感覺是：「這個領域，我可以挑戰！」「終於讓我找到一個可以盡情發揮的舞台！」

在那之後過了二十五年，我不只編輯雜誌，有一陣子也做活動的經營規劃，還曾經營畫廊，這幾年則著重在食品製造規劃、農業還有旅館。所以，被人問：「岩佐先生到底是做什麼的？」早已是家常便飯。

一般編輯大多出身人文科系，喜歡書、喜歡雜誌，我卻幾乎不看書或雜誌。大家都會想像編輯家中應該堆滿了書籍和雜誌，我家卻一本書或雜誌都沒有。我的興趣是，思考自己做的雜誌「傳達了什麼給讀者」。說得直白些，我對雜誌本身一點興趣也沒有。

對我來說，最重要的事就是「製作」和「嘗試」。我沒有當設計師的天分，但是我會製作報導、雜誌。而「嘗試」對我來說，就是提供新的價值觀給社會，還有透過報導集結大家的「共鳴」，這是最能讓我感到愉悅的一件事。

隨著時代的變遷，透過雜誌產生的「共鳴」力道越來越小。比起雜誌，販售食品更容易讓人產生「共鳴」。於是慢慢地我興起一股念頭，希望可以打造一個對「吃」、「住」風格做出提案的實體媒體。食品、農業和「里山十帖」對我來說，是比雜誌更龐大的媒體。透過「里山十帖」的改造，我發現旅館用來做為實體媒體所蘊含的潛力，比我想像中大很多。畢竟旅館可以在一段完整的時間內，完整地提出某種對於食與生活風格的提案。而且旅館可以吸引各方人士前來，齊聚一堂，各種連結或組合的可能性，可說是無限大。我相信，這裡面還潛藏著許多尚未被發現的可能性。

從這個角度來看，你說聽到日本全國的旅館面臨存續危機、觀光產業低迷不振的消息，是不是很令人惋惜？**其實各個地方，特別是觀光地區，應該還藏著許多影響力遠遠超越雜誌的實體媒體，只要改變看事情的角度，就可以把它們挖掘出來。**

如果有更多人發現這樣的可能性，觀光地區的旅館便能成為替地方帶來強烈「共鳴」的實體媒體，這是我寫這本書最大的期待。

老實說，我提出的「設計思考」不過是思考過程中可能的方式之一。十個人有十種思考方式，沒有所謂的「絕對」。所以一定有些人讀完這本書，會覺得「你說的這些一點根據也沒有」、「沒有數據佐證，盡說一些直覺的想法，要我怎麼相信」。沒有關係，我只希望大家一定要注意我想傳達的兩個訊息，一個是「有太多種可能性等著你去挖掘」，以及為你的地區做編輯、設計，「創造嶄新的價值觀」。

最後，我要提一段小插曲，用來證明這本書所說，旅館可以成為實體媒體、「共鳴點」這個論點。本書的責任編輯鈴木聰子小姐，在我二十五年前轉換跑道當編輯時就認識了，只是這二十五年之間，我們都沒有聯絡。某次，她來拜訪「里山十帖」，對「里山十帖」做為實體媒體的提案感受到強烈的共鳴。沒有「里山十帖」，我們大概沒機會再相遇，當然，也就不會有這本書的出版。

我們的目標「Social・Line・Design」，指的是把人與各種事物做連結，創造出全新的價值觀。通過二十五年的重逢所誕生的這本書，到底能夠把共鳴圈再擴大到什麼地步呢？我拭目以待。

二〇一五年四月二十日　窩在「里山十帖」的203號房

創意總監．編輯　**岩佐十良**

國家圖書館出版品預行編目(CIP)資料

地方創生X設計思考.「里山十帖」實戰篇 / 岩佐十良著；鄭舜瓏譯. --
臺北市：中衛發展中心, 2018.08
面；　公分. --（RE+地方活化系列；2）
ISBN 978-986-91998-7-2(平裝)
1. 旅館經營　2. 日本

489.2　　107010139

Re+地方活化系列 2

地方創生×設計思考「里山十帖」實戰篇

作　　者　岩佐十良
譯　　者　鄭舜瓏
發 行 人　謝明達
總 編 輯　朱興華
編輯委員　袁威五
企劃編輯　林孟麗
執行編輯　翁榆旻
封面設計　黃鳳君
內頁設計　黃鳳君

發 行 所　財團法人中衛發展中心
登 記 證　局版北市業字第726號
地　　址　100台北市中正區杭州南路一段15-1號3樓
電　　話　(02) 2391-1368
傳　　真　(02) 2391-1231
網　　址　www.csd.org.tw
劃撥帳號　14796325／戶名　財團法人中衛發展中心

書系代碼　B2002
總 經 銷　聯合發行股份有限公司
　　　　　電話：(02)2917-8022
出版日期　2018年8月
ISBN-13　978-986-91998-7-2
定　　價　NTD$350元